JN314139

高分子基礎科学 One Point 3

デンドリティック高分子

高分子学会 [編集]
柿本雅明 [編集担当]

共立出版

「高分子基礎科学 One Point」シリーズ編集委員会

編集委員長	渡邉正義	横浜国立大学 大学院工学研究院
編集委員	斎藤　拓	東京農工大学 大学院工学府
	田中敬二	九州大学 大学院工学研究院
	中　建介	京都工芸繊維大学 大学院工芸科学研究科
	永井　晃	日立化成工業株式会社 筑波総合研究所

複写される方へ

　本書の無断複写は著作権法上での例外を除き禁じられています。本書を複写される場合は、複写権等の行使の委託を受けている次の団体にご連絡ください。

〒107-0052　東京都港区赤坂 9-6-41　乃木坂ビル　一般社団法人 学術著作権協会
電話 (03)3475-5618　　FAX(03)3475-5619　　E-mail: info@jaacc.jp

転載・翻訳など、複写以外の許諾は、高分子学会へ直接ご連絡下さい。

シリーズ刊行にあたって

　高分子学会では，高分子科学の全分野がまとまった教科書として「基礎高分子科学」を刊行している．この書籍は内容がよくまとまった非常に良い書籍であるものの，内容が高度であり，学部生や企業の新入社員が高分子科学を初めて学習するためには分量も多く，困難であることが多い．一方，高分子学会では，この教科書とは対照的な「高分子新素材 One Point」シリーズ，「高分子加工 One Point」シリーズ，「高分子サイエンス One Point」シリーズ，「高分子先端材料 One Point」シリーズといった，小さいサイズながらも深く良く理解できるように編集された One Point シリーズを刊行してきており，これらの One Point シリーズは手軽に入手できることから多くの読者を得ている．

　そこで，高分子学会第 30 期出版委員会では，これまでの One Point シリーズのコンセプトをもとに，新たに「最先端材料システム One Point」シリーズと「高分子基礎科学 One Point」シリーズを刊行することとした．前者は最先端の材料やそのシステムについてホットな話題をまとめ，すでに全巻が刊行済みで好評をいただいている．今回，刊行を開始する「高分子基礎科学 One Point」シリーズは，最先端の高分子基礎科学を，コンパクトかつ執筆者の思想を前面に押し出して執筆いただいた．

　本シリーズは，高分子精密合成と構造・物性を含めた以下の全 10 巻で構成される．

　　　　第 1 巻　　精密重合 I：ラジカル重合
　　　　第 2 巻　　精密重合 II：イオン・配位・開環・逐次重合
　　　　第 3 巻　　デンドリティック高分子
　　　　第 4 巻　　ネットワークポリマー
　　　　第 5 巻　　ポリマーブラシ
　　　　第 6 巻　　高分子ゲル
　　　　第 7 巻　　構造 I：ポリマーアロイ

第8巻　構造Ⅱ：高分子の結晶化
第9巻　物性Ⅰ：力学物性
第10巻　物性Ⅱ：高分子ナノ物性

　各巻ごとに一テーマがまとまっているので手軽に学びやすく，また基礎から最新情報までが平易に解説されているため，初学者から専門家まで役立つものとなっている．従来の1冊の教科書を10冊に分けたことにより，各巻の執筆者が研究に掛ける熱い思いも伝えられるだろう．

　本シリーズは学会主催の各種基礎講座（勉強会）やWebinar（ウェブセミナー）等の教科書として使用することも念頭に置いて構成しているので，高分子科学をこれから学ぼうとする多くの学生や研究技術者の役にも立てるものと期待している．

　刊行にあたっては，各巻の執筆者の方々や取りまとめ担当の方々にご尽力いただいた．ここに改めてお礼申し上げる．

2012年10月

高分子学会第30期出版委員長　渡邉正義

まえがき

　ポリエチレンのような高分子は長い分子であるということを最大の特徴としている．高分子は長いために，1分子だけ見れば糸まり状に丸まっているのであるが，その分子が10^{20}個も集まったバルク状態では，糸まりは互いに絡み合い，融合してしまう．そして，軽くて強い高分子材料となるのである．

　本書は通常我々が目にする直鎖状高分子ではなく，変わった形状の高分子を解説している．本書のタイトルである「デンドリティック」は「樹状の」という意味である．すなわち頻繁に規則的な分岐を繰り返す分子構造で構成された高分子が「デンドリティック高分子」である．デンドリティック高分子の特徴の一つは，その末端基数の数の多さであり，規則的な分岐構造を持っていればその末端基数は分子量とともに増加する．一方，直鎖状高分子ではいかに高分子量であってもその末端基数は常に2である．

　狭義のカテゴリーではデンドリマーとハイパーブランチポリマーがデンドリティック高分子として扱われる．本書ではさらに，分子鎖は分岐構造を持たないが一つの開始点から何本もの高分子が放射状に成長した構造である「スターポリマー」，高密度でグラフト高分子鎖を成長させた「ポリマーブラシ」も1分子に含まれる末端基数が多いという意味から解説している．また，逆に全く末端を持たない高分子，すなわち環状高分子にも登場をお願いした．

　これらの高分子は冒頭に書いた高分子の最も大きな特徴である「長い」ということに反している．環状高分子を除き，その分子形状はころっとしているのでお互いの分子間での絡み合いの程度は小さく，したがって，これらの高分子でフィルムを作製しても誠に弱いフィルムとなってしまうのである．別の見方をすれば絡み合いが少ないために溶液粘度，溶融粘度ともに分子量に比べて小さくなる．粘度式$[\eta] = KM^{\alpha}$の形状因子αの値はこれらの高分子ではしばしば0.5以下となる（直鎖

状高分子の α の値は 0.5 以上)．環状高分子においても末端がないために絡み合いの程度は下がり，粘度も低下する．

　本書で登場する高分子の興味深い点は上述のようにその末端基の数である．デンドリティック高分子やスターポリマーの末端基には様々な修飾が可能である．もちろん 2 種類の官能基を同時に導入することも可能で，浸水性基と疎水性基を同時に導入すれば両親媒性の高分子を作成することができる．また，官能基を末端ではなくデンドリマーやスターポリマーの中心部に導入することも可能である．色素をこのような部位に導入すると，高濃度の溶液を作製しても色素同志の会合が起こらないために，従来では実現できない濃度の溶液を作製することができる．そしてこの溶液は高密度レーザ発振に応用されている．

　このようにデンドリティック高分子はその特徴を生かした使われ方が徐々に始まっており，高分子を学ぶ読者諸兄には新しい機能性高分子として覚えておいていただきたい．本書はデンドリティック高分子の合成法をそれぞれの高分子で最も精力的に活動されている先生に執筆願った．これらの材料が皆様の研究の一助になることを願っている．

　2012 年 12 月

編集担当　柿本雅明

執筆者紹介

寺境光俊	秋田大学 大学院工学資源学研究科	(第1,2章)
東原知哉	東京工業大学 大学院理工学研究科	(第3章)
平尾　明	東京工業大学 大学院理工学研究科	(第3章)
石津浩二	東京工業大学 大学院理工学研究科	(第4章)
打田　聖	東京工業大学 大学院理工学研究科	(第4章)
手塚育志	東京工業大学 大学院理工学研究科	(第5章)

目　　次

第1章　デンドリマーの合成　　1

1.1　はじめに……………………………………………………… 1
1.2　デンドリマーの構造と特徴………………………………… 3
1.3　divergent 法によるデンドリマーの合成………………… 8
1.4　convergent 法によるデンドリマーの合成……………… 10
1.5　その他のデンドリマー合成法……………………………… 11
1.6　おわりに……………………………………………………… 15

第2章　ハイパーブランチポリマーの合成　　17

2.1　はじめに……………………………………………………… 17
2.2　ハイパーブランチポリマーの構造と特徴………………… 17
2.3　自己重縮合によるハイパーブランチポリマーの合成…… 21
2.4　連鎖重合によるハイパーブランチポリマーの合成……… 23
2.5　A_2-B_3 型重合によるハイパーブランチポリマーの合成… 26
2.6　その他のハイパーブランチポリマー合成法……………… 29
2.7　おわりに……………………………………………………… 32

第3章　星型ポリマーの合成　　35

3.1　はじめに……………………………………………………… 35
3.2　星型ポリマー………………………………………………… 36
　　3.2.1　星型ポリマーの合成…………………………………… 36
　　3.2.2　星型ポリマーの特徴…………………………………… 40
3.3　非対称星型ポリマー………………………………………… 42
　　3.3.1　非対称星型ポリマーの合成…………………………… 42
　　3.3.2　非対称星型ポリマーの相分離構造…………………… 45

3.4 星型構造を含む複雑な分岐ポリマー 46

第4章 グラフトポリマー・高分子ブラシの合成 51

4.1 はじめに 51
4.2 高分子ブラシの合成と物性 51
  4.2.1 double-cylinder 型高分子ブラシの合成 53
  4.2.2 proto 型高分子ブラシの合成 59
  4.2.3 block 型高分子ブラシの合成 63
4.3 おわりに 64

第5章 環状高分子の合成 67

5.1 はじめに 67
5.2 単環状高分子の合成 68
  5.2.1 環拡大重合法 68
  5.2.2 直鎖状高分子前駆体の末端連結反応 70
  5.2.3 環-鎖ハイブリッド高分子の合成 74
5.3 多環状高分子の合成 75
  5.3.1 スピロ型多環高分子の合成 77
  5.3.2 連結型（手錠・パドル型）多環高分子の合成 78
  5.3.3 縮合型多環高分子の合成 80
5.4 おわりに 82

索 引 85

第 1 章

デンドリマーの合成

1.1 はじめに

　高分子鎖に分岐構造を導入すると材料の物理的特性（溶解性，力学特性など）が大きく変化することは古くから知られている．歴史的に最も古い高分子の1つであるフェノール樹脂や接着剤として用いられるエポキシ樹脂などは架橋高分子として知られている．これらは架橋反応により不溶・不融の樹脂となるが，理論的には分子量が無限大に増大することに起因する．一方，高分子鎖に無限ネットワーク構造を形成させずに分岐構造を導入することも可能である（図 1.1）．分岐点を少量導入した星型高分子（スターポリマー），櫛型高分子は古くから研究されてきた．デンドロン，デンドリマー，ハイパーブランチポリマーなどは比較的新しい分岐高分子であり，繰り返し単位に分岐構造が導入され分岐密度が高いことが特徴である．デンドリマー，デンドロンは多

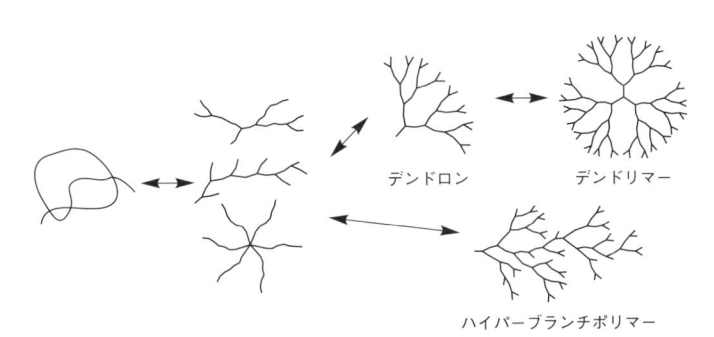

図 1.1　分岐高分子の構造．

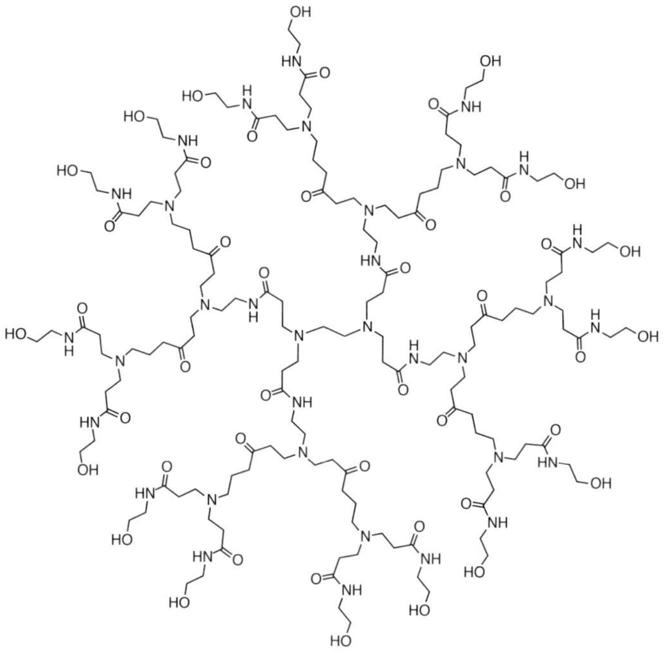

図 1.2 ポリアミドアミンデンドリマー（ヒドロキシル基末端）．

段階反応により合成・単離される巨大単一分子である．一方，ハイパーブランチポリマーは一段階重合法で合成されるので合成面では有利であるが，分子量分布や構造欠陥をもつ合成高分子となる．これらはまとめてデンドリティック高分子と呼ばれ，直鎖高分子と大きく異なる特性を示すことが知られている[1,2]．繰り返し分岐構造をもつ高分子の合成は Vögle らによるカスケード合成の論文にさかのぼる（1978 年）[3]．Newkome らは「arborol」と命名した多分岐骨格をもつ分子の合成を報告した（1985 年）[4]．Tomalia らは 1985 年の論文で多分岐骨格をもつ分子に対しラテン語の樹木を語源とした「デンドリマー」を定義し，その後この名称が定着した[5]．現在ではデンドリマーは制御されたナノサイズ，ナノ空間をもつ機能性分子として様々な分野で注目を集めている．

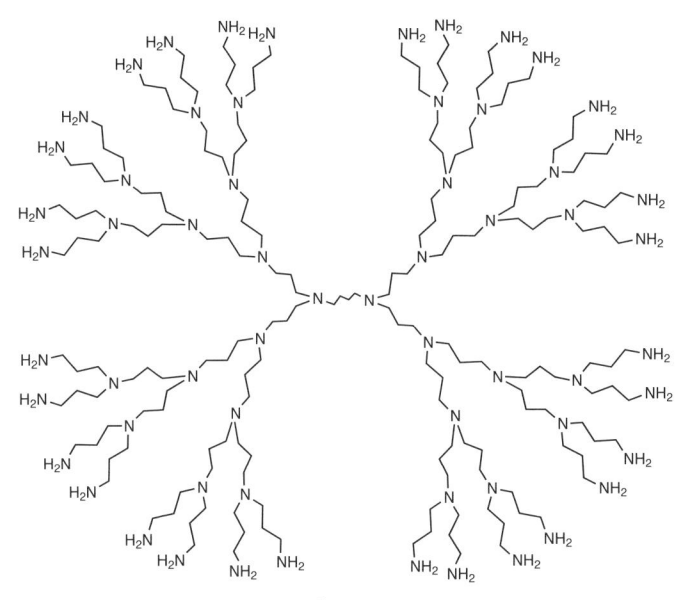

図 1.3 ポリプロピレンイミンデンドリマー．

　種々の構造をもつデンドリマーがすでに多数報告されているが，中でもポリアミドアミンデンドリマー，ポリプロピレンイミンデンドリマー，ベンジルエーテル型デンドリマーに関する研究例が多い（図 1.2～1.4）．本章ではデンドリマーの構造と特徴について簡単に解説した後，代表的な合成法を紹介する．

1.2　デンドリマーの構造と特徴

　デンドリマーの構造模式図を図 1.5 に示す．中心から放射状に枝分かれを繰り返しながら分子鎖が伸びていることが特徴といえる．直鎖高分子の重合度に対応する概念として世代（generation）がある．核となるコア分子の周りにビルディングブロック分子が 1 層結合したものを第一世代，2 層結合したものを第二世代と呼ぶ．世代の増加とともに分子サイズが大きくなり，末端基数が指数関数的に増大することが特徴である．コア分子の官能基数 C_N，ビルディングブロック（AB$_n$

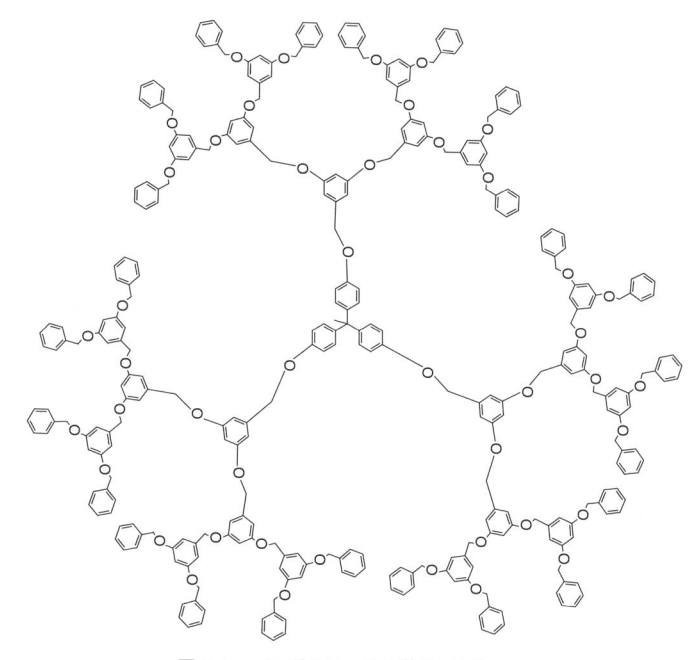

図 1.4 ベンジルエーテル型デンドリマー.

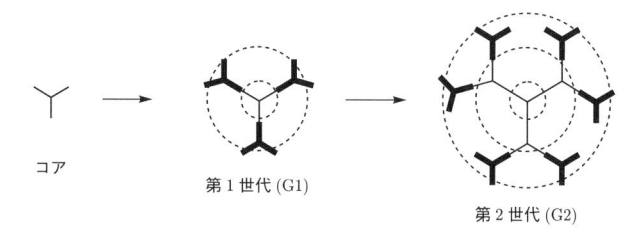

図 1.5 デンドリマーの構造と世代.

型）の B 官能基数 n のとき，デンドリマー世代数 G と末端基数 x は $C_N n^G$ となる．図 1.5 は平面図であるが，実際の高世代デンドリマーは図 1.6 に示すような球体に近い三次元的形態をとることが知られている．球形デンドリマーではコア近傍，内部空間，分子表面という 3 つの部分構造がある．それぞれ機能性官能基を導入することが可能な

1.2 デンドリマーの構造と特徴

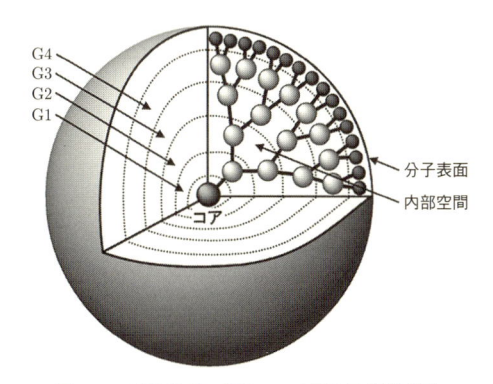

図 1.6 高世代デンドリマーの三次元的模式図.

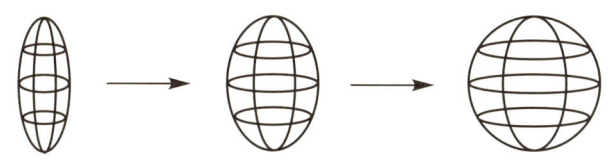

図 1.7 デンドリマー世代上昇による形態変化模式図.

ので，構造制御されたナノ分子として，特異なエネルギー・電子移動現象，触媒機能が見いだされており，また，医療などへの応用が検討されている．

デンドリマーはその特異な三次元的形態により通常の線状高分子とは異なった性質を示すことが知られている．ポリアミドアミンデンドリマー（図 1.2）では世代の上昇とともに分子形態が円盤状から球状に変化し，第五世代以上では球状分子と見なすことができる（図 1.7)[6]．これら世代と形態の依存性は分子骨格により球状となる世代数は異なるものの，すべてのデンドリマーに共通の挙動である．また，通常の線状高分子では分子量の対数と極限粘度の対数が直線関係となるが，デンドリマーでは世代に対して極限粘度が極大値をとることが知られている（図 1.8）．ベンジルエーテル型デンドリマー（図 1.4）では第三世代で極大値が観察された[7]．これは分子形態がランダムコイル状から球形に変化することに対応し，デンドリマー共通の特徴である．

デンドリマーの構造的特徴を活かした研究例を紹介する．相田らはベ

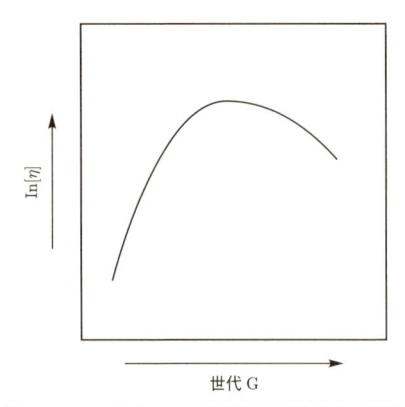

図 1.8　デンドリマーの世代数と極限粘度の関係.

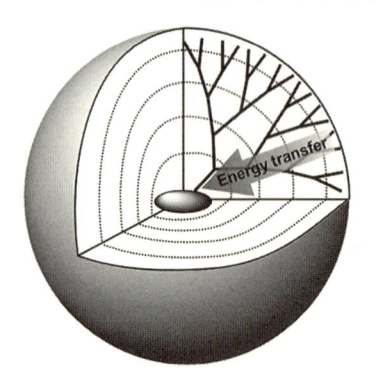

図 1.9　デンドリマー外側からコアへのエネルギー移動模式図.

ンジルエーテル型デンドリマー（第四世代，第五世代）が光捕集効果を示し，赤外光によるアゾベンゼン異性化が可能となることを見いだした[8]．このデンドリマーは世代数の増加とともに外側の立体的混み合いが増加して外側官能基の分子運動性が低下する．このため捕集されたエネルギーの散逸が抑制され，コア部分にエネルギー移動が起こることで発現する現象である（図 1.9）．デンドリマー外側の混み合いはデンドリマー内部を外部環境から遮蔽されたナノ空間にする効果がある．この遮蔽されたナノ空間を利用した機能性デンドリマーの研究が精力的に行われている[9]．

1.2 デンドリマーの構造と特徴　7

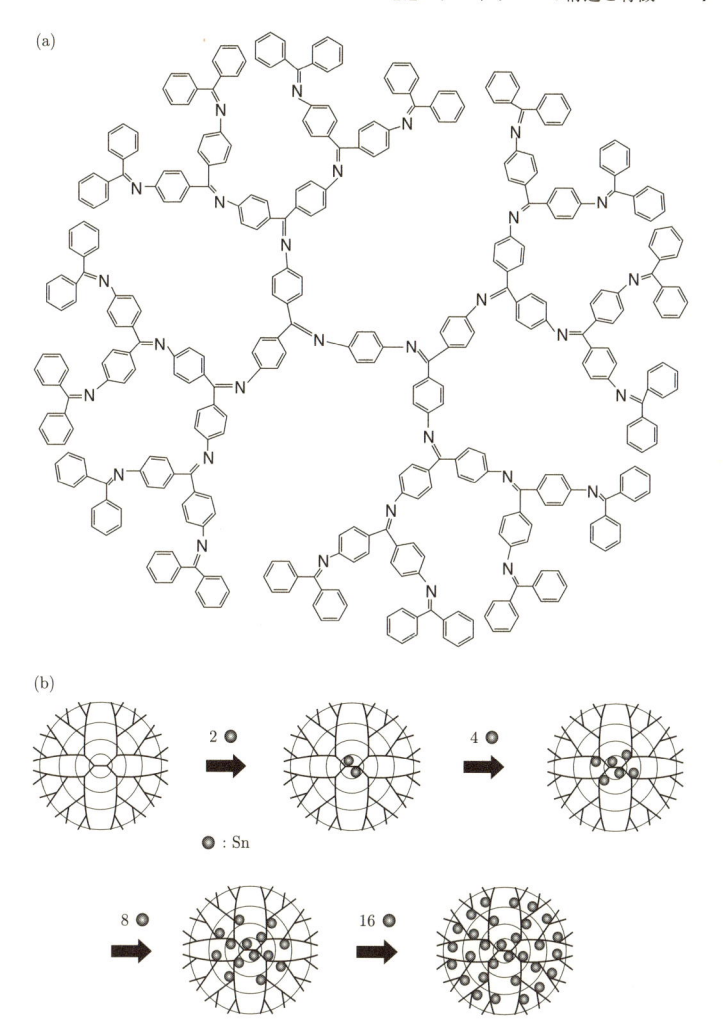

(a)

(b)

◉ : Sn

図 1.10 (a) フェニルアゾメチンデンドリマーの構造と (b) 段階的な金属イオン配位模式図.

山元らはデンドリマー内部に段階的に金属イオンを集積できるフェニルアゾメチンデンドリマーを開発した（図 1.10)[10]．分子中のイミン部はスズなどの遷移金属イオンと錯形成することができる．第四世代デンドリマーにはイミン部が 30 個存在するが，塩化スズを少しずつ加えていくとデンドリマーの内側から 2 個，4 個，8 個，16 個と段階的に配位が進行する．デンドリマー 1 分子内に電子勾配を連続的に，かつ，階段状にもたせることにより金属の段階的飾り付けが達成されている．分子構造により配位の順序，異なる金属の配位なども可能であり，フェニルアゾメチンデンドリマーを新金属ナノ粒子とした研究が活発に展開されている[11]．

1.3 divergent 法によるデンドリマーの合成[1,2]

デンドリマーを合成する主な方法として，ビルディングブロックとなる分子を放射状に結合させていく divergent 法とデンドリマーの部分構造となるデンドロンを外側から合成していき，最後にデンドロンと核となる分子と結合させる convergent 法がある．

divergent 法によるデンドリマーの合成の模式図を図 1.11 に示す．分岐点をもつビルディングブロックを用いる場合，コア分子と末端基を保護したビルディングブロックを結合させた後，ビルディングブロック末端の脱保護反応を行い，次のビルディングブロックと反応可能にする．保護基の代わりに互いに反応に影響のない 2 種類の反応を組み合わせてもよく，この場合は必要となる反応数を減らすことができる．分岐点をもたないビルディングブロックを用いた場合，成長反応に 1：2 以上の反応を含み，分岐点形成を伴いながら分子を大きくしていく．いずれの反応でも世代数の増加とともに必要な反応数が指数関数的に多くなっていくため，高世代デンドリマーの合成では過剰量のビルディングブロックを用いる必要がある．エチレンジアミンをコア分子としたポリアミドアミンデンドリマーの合成反応式を図 1.12 に示す（分岐点をもたないビルディングブロックを用いた場合）．第 1 級アミノ基とオレフィンのマイケル型付加反応では第 2 級アミンが生成し，これが再び二重結合部位と反応することで分岐点が形成される．末端エステル型デン

分岐点をもつビルディングブロックを用いた場合

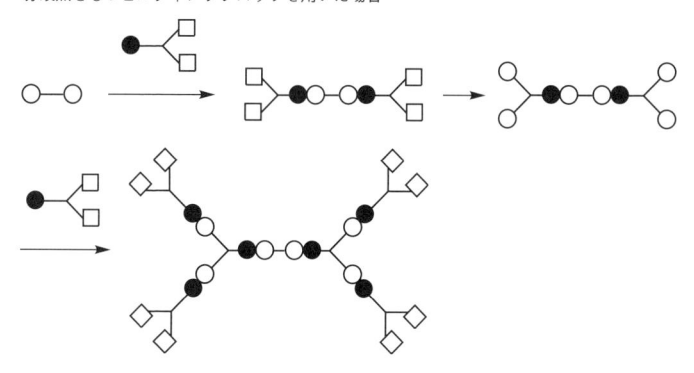

分岐点をもたないビルディングブロックを用いた場合

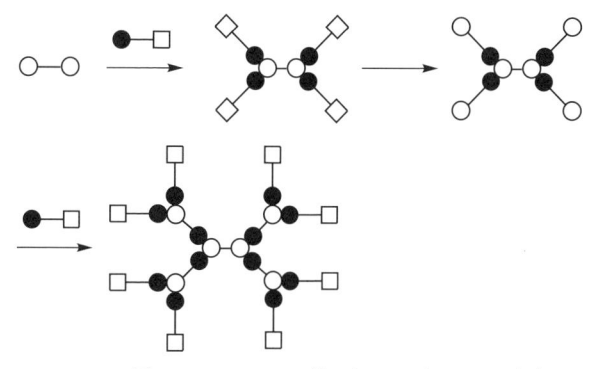

図 **1.11** divergent 法によるデンドリマーの合成.

ドリマーを過剰のエチレンジアミンと反応させると末端にアミノ基をもつ次世代デンドリマーが合成できる.

divergent 法は過剰のビルディングブロックを用いることで反応率を高くすることが特徴である.反応プロセスが簡単なため量産化に向いており,市販ポリアミドアミンデンドリマー,ポリプロピレンイミンデンドリマーは divergent 法で生産されている.一方,高世代デンドリマーの合成では一度に 32, 64, 128 カ所など多数の反応点とビルディングブロックを結合させる必要がある.この反応率を 100% にすることは極めて困難であり,また,構造欠陥部位が存在してもこれを分離するこ

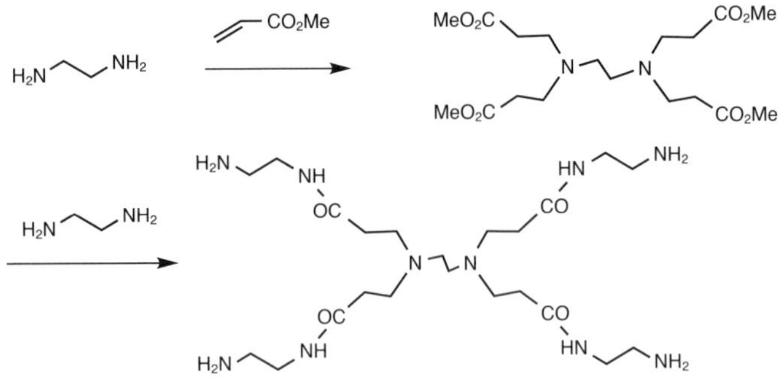

図 **1.12** divergent 法によるポリアミドアミンデンドリマーの合成.

とが実質的に不可能となる.

1.4 convergent 法によるデンドリマーの合成[1,2)]

デンドリマーの部分構造となるデンドロンを末端から中心に向けて合成していき,最終段階でコア分子と反応させるのが convergent 法である (図 **1.13**). AB_2 型ビルディングブロックを用いた場合,各段階では成長分子とビルディングブロックを 1:2 で反応させる.各合成段階で必要な反応数は世代が増加しても同じであり,divergent 法による高世代デンドリマーの合成で世代を増加させるために必要な反応数が指数関数的に大きくなるのとは対照的である.このため,生成物と未反応物や不完全カップリング生成物の分離が容易となるため,構造欠陥をもたない分子の合成に有利である.最終段階でデンドロンを適切なコア分子と結合させることでデンドリマーとする.精密に制御したデンドリマーを合成するための実験室的手法として有用である.

convergent 法はベンジルエーテル型デンドリマーの合成に対して Fréchet らにより報告されたのが最初である (図 **1.14**)[12)].ベンジルブロミドとフェノール性水酸基とのカップリング反応とベンジル水酸基の臭素化の繰り返しにより高世代デンドロンを合成する.フェノール性水酸基を 3 個もつ化合物とデンドロンのカップリング反応によりデンドリマーが合成できる.convergent 法では構造欠陥をもつ副生成物と目的物の分離が divergent 法より容易であることが利点であるが,高

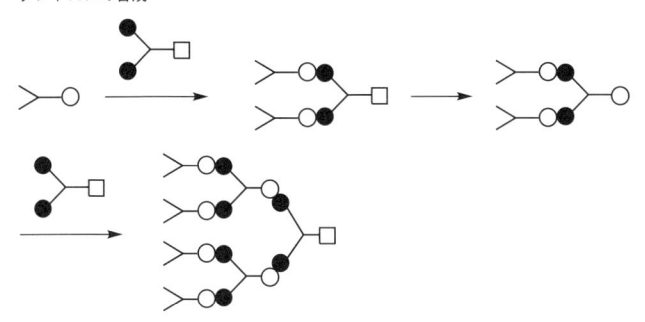

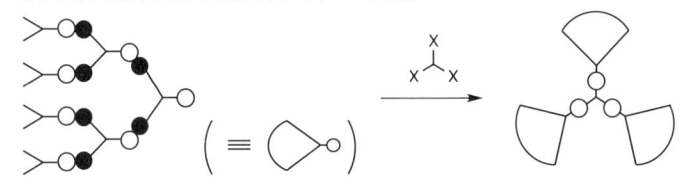

図 1.13 convergent 法によるデンドリマーの合成.

世代デンドロンの合成では立体障害が問題となる．また，安い試薬を大過剰使用する divergent 法と比較してコスト的には不利となることが多い．

1.5 その他のデンドリマー合成法

デンドリマー合成法としては divergent 法と convergent 法が代表的方法であるが，その他の合成法についても開発されている．これらは主にデンドリマーの合成で要求される多段階反応の反応数を少なくすることを目的とした改良法といえる．

前述した convergent 法では世代を大きくしていく過程で官能基変換（ベンジル水酸基からベンジルブロモ基）が必要であった．Zimmerman らは 2 種類のビルディングブロックによる 2 種類の成長反応により官能基変換することなくデンドリマーの世代を増やす方法（orthogonal 法）を報告した（図 **1.15**)[13]．通常の convergent 法で必要な保護・脱保護反応が不要となり，合成に必要な反応数を減らすことがで

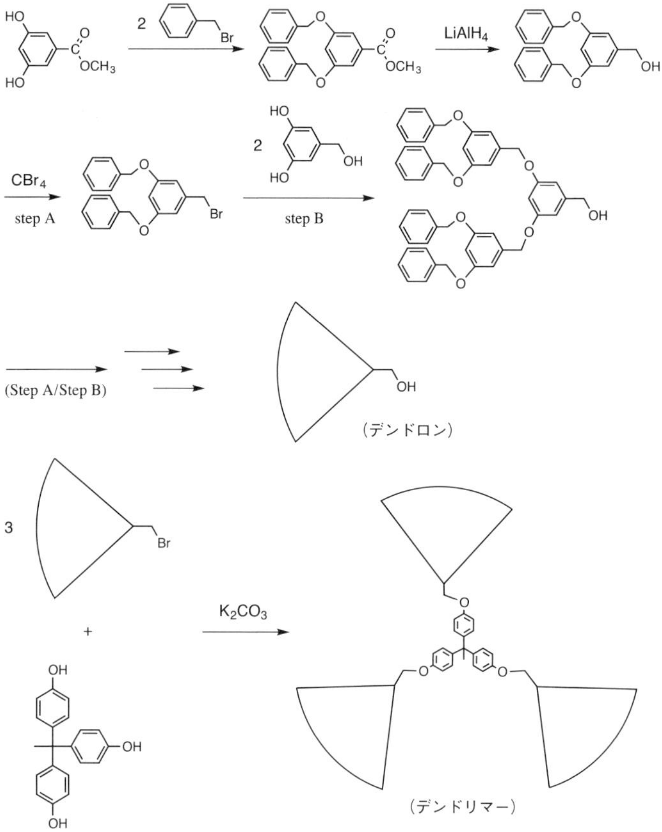

図 1.14　convergent 法によるベンジルエーテル型デンドリマーの合成.

きる．また，この方法では，構造的には 2 種類の繰り返し単位が交互に組み込まれることになる．柿本らは芳香族ポリアミドデンドロンの合成で，縮合剤を用いたアミド結合形成反応とパラジウム触媒を用いた一酸化炭素挿入反応を繰り返すことで orthogonal 法による芳香族ポリアミドデンドロンの合成を報告した（図 1.16）[14]．縮合剤によるカップリング反応とパラジウム触媒を用いた一酸化炭素挿入反応の 2 種類のアミド結合形成反応を利用することで，反応段階を少なくすることと分

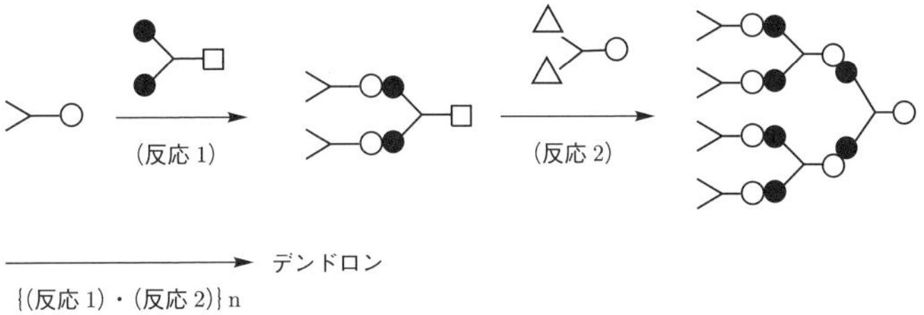

図 1.15 orthogonal 法によるデンドロンの合成の模式図.

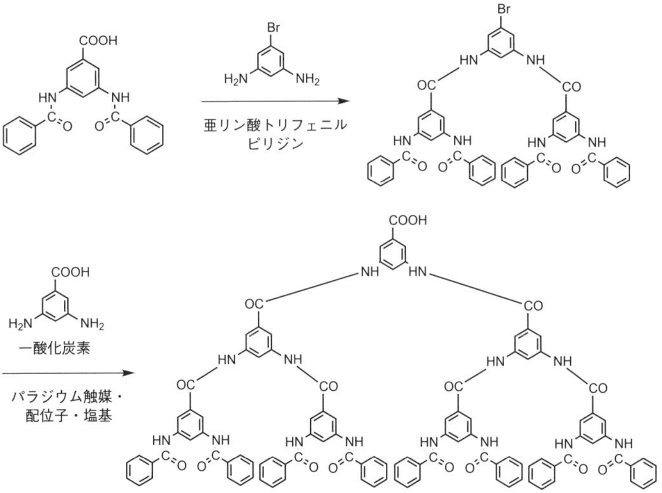

図 1.16 orthogonal 法による芳香族ポリアミドデンドロンの合成.

子鎖すべてをアミド結合で構築することを両立した合成法である.

デンドロン自体をビルディングブロックとして使用し，divergent 法と convergent 法を組み合わせた合成法は double stage convergent 法と呼ばれ，高世代デンドロンの合成で反応数を減らすことができる有効な方法である（図 1.17）. ポリエーテルデンドロン[15]，フェニルアセチレンデンドロン[16]，ポリエステルデンドロン[17]，芳香族ポリアミドデンドロン[14] などに適用した報告例がある.

構造の異なるデンドロン同士をコアで結合させると非対称デンドリマーが合成できる（図 1.18）. 各デンドロンは divergent 法，conver-

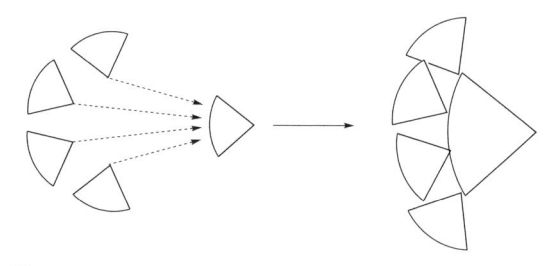

図 1.17 double stage convergent 法によるデンドロンの合成.

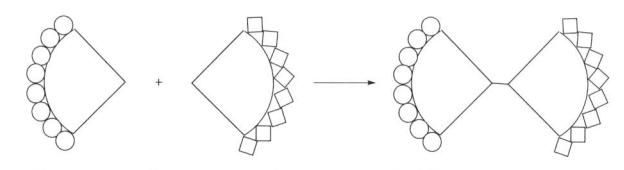

図 1.18 デンドロンのカップリングによる非対称デンドリマーの合成.

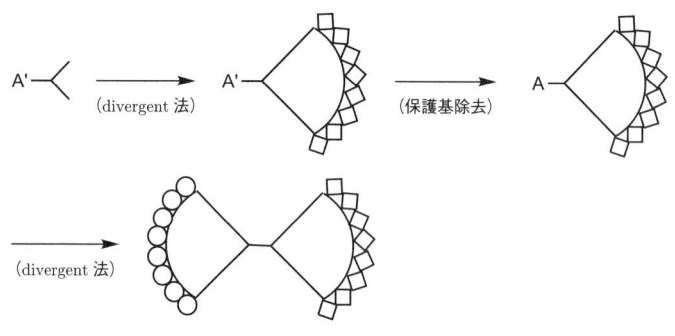

図 1.19 divergent 法による非対称デンドリマーの合成.

gent 法のどちらで合成してもよい.また,あらかじめコア部分に保護基をもたせたデンドロンを divergent 法により目的世代まで大きくした後,コア保護基を除去して反対側のデンドロンを divergent 法で大きくすることもできる(図 **1.19**)[18].非対称デンドリマーはそれぞれのデンドロンユニットに異なる機能をもたせることができるので多機能ナノ分子として大きな可能性を秘めている.

1.6 おわりに

デンドリマーは構造と三次元的形態が精密に制御されたナノ分子として高分子分野だけでなく，有機合成分野，医療分野などからも注目を集めている．いくつかのデンドリマーはすでに市販されており，これらを入手して機能化を図ることも可能である．繰り返し枝分かれ構造から構築される中心核，内部空間，分子表面それぞれがユニークな場と見なすことができ，これを積極的に活用することで通常の有機分子では達成できない機能が見いだされつつある．学術研究にとどまらず，光機能，医療，エネルギー関連などの高付加価値分野への応用が期待される．

引用・参考文献

1) 「デンドリティック高分子」, 青井啓悟, 柿本雅明 (監修), (エヌ・ティー・エス, 2005).
2) "Dendrimers and Other Dendritic Polymers", J.M.J. Fréchet and D. A. Tomalia (Eds.), (John Wiley & Sons, 2001).
3) E. Buhleier, W. Wehner and F. Vögtle: *Synthesis*, 155 (1978).
4) G.R. Newkome, Z. Yao, G. R. Baker and V. K. Gupta: *J. Org. Chem.*, **50**, 2004 (1985).
5) D.A. Tomalia, H. Baker, J. Dewald, M. Hall, G. Kallos, S. Martin, J. Roeck, J. Ryder and P. Smith: *Polym. J.*, **17**, 117 (1985).
6) D.A. Tomalia, A.M. Naylor and W.A. Goddard III: *Angew. Chem. Int. Ed. Engl.*, **29**, 138 (1990).
7) T.H. Mourey, S.R. Turner, M. Rubinstein, J.M.J. Fréchet, C.J. Hawker and K.L. Wooley:*Macromolecules*, **25**, 2401 (1992).
8) D.-L. Jiang and T. Aida: *Nature*, **388**, 454 (1997).
9) D.-L. Jiang and T. Aida: *Prog. Polym. Sci.*, **30**, 403 (2005).
10) K. Yamamoto, M. Higuchi, S. Shiki, M. Tsuruta and H Chiba: *Nature*, **415**, 509 (2002).
11) K. Yamamoto and T. Takanishi: *Polymer*, **49**, 4033 (2008).
12) C.J. Hawker and J.M.J. Fréchet: *J. Am. Chem. Soc.*, **112**, 7638 (1990).
13) F. Zeng and S.C. Zimmerman: *J. Am. Chem. Soc.*, **118**, 5326 (1996).
14) Y. Ishida, M. Jikei and M. Kakimoto: *Macromolecules*, **33**, 3202 (2000).
15) K.L. Wooley, C.J. Hawker and J.M.J. Fréchet: *J. Am. Chem. Soc.*, **113**, 4252 (1991).
16) Z. Xu, M. Kahr, K.L. Walker, C.L. Wilkins and J.S. Moore: *J. Am.

Chem. Soc., **116**, 4537 (1994).
17) H. Ihre, A. Hult, J.M.J. Fréchet and I. Gitsov: *Macromolecules*, **31**, 4061 (1998).
18) K. Aoi, K. Itoh and M. Okada: *Macromolecules*, **30**, 8072 (1997).

第 2 章

ハイパーブランチポリマーの合成

2.1 はじめに

　デンドリマー，デンドロンと同様に，繰り返し単位に枝分かれをもつ高度に分岐した高分子の1つにハイパーブランチポリマーがある．ハイパーブランチポリマーはデザインされた多官能性モノマーの一段階重合法で得られるので，多段階反応と各段階での精製操作を伴うデンドリマーの合成と比較して，合成面で有利である．ハイパーブランチポリマーはその三次元的形態からデンドリマー類似の性質を示すことが明らかとなっている．古くは50年以上前のFloryの論文ですでに取り上げられている多分岐高分子であるが，1970年代に共重合体としての報告があるのみであまり注目されていなかった．1990年にKimらが一段階重合法によるハイパーブランチポリフェニレンの合成をデンドリマー類似高分子の簡便な合成法として報告して以来，様々な構造をもつハイパーブランチポリマーが種々の方法で合成されている[1,2]．本章では最初にハイパーブランチポリマーの特徴を簡単に解説した後，種々のハイパーブランチポリマー合成法を紹介する．

2.2 ハイパーブランチポリマーの構造と特徴

　ハイパーブランチポリマーは一段階重合法による多分岐高分子であるため，分子量分布や構造欠陥をもつことがデンドリマーと異なる．図2.1にデンドリマーの部分構造であるデンドロンとハイパーブランチポリマーの構造模式図を示す．デンドリマーは中心核，分岐点を形成しているデンドリティック部，末端部から構成される．一方，ハイパーブ

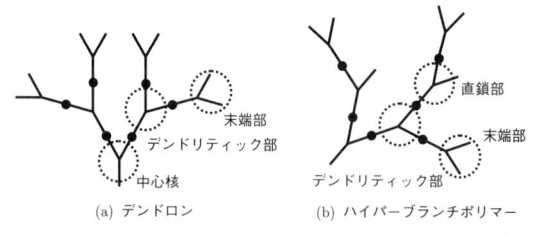

図 2.1 デンドロンとハイパーブランチポリマーの構造比較.

ランチポリマーはこれらデンドリティック部，末端部の他，分岐不十分な直鎖部を多くもつことが特徴である．Fréchetらはこれら3種の繰り返し単位の比率を分岐度（DB: degree of branching）として定義した（式 2.1）[3]．

$$\text{分岐度}(DB) = \frac{D+T}{D+L+T} \tag{2.1}$$

D：デンドリティック部数，T：末端部数，L：直鎖部数

デンドリマー，デンドロンは直鎖部をもたないため分岐度が1 (100%) となる．AB_2型モノマーの自己重縮合の場合，統計的には分岐度は0.5となる．実際，AB_2型モノマーから合成されたハイパーブランチポリマーの分岐度実験値は0.4〜0.6が多く報告されている．Freyらは分子鎖の成長方向から統計的に計算し，さらに総分子数を考慮した分岐度（DB'）の式を報告した（式 2.2）[4]．

$$\text{分岐度}(DB') = \frac{2D}{2D+L} = \frac{D+T-N}{D+L+T-N} \tag{2.2}$$

N：総分子数

重合体の分子量が低いときはN項が大きな影響を与え，Frey式の方が分子構造を反映した分岐度を与えるが，分子量が十分大きくなるとどちらの式でも同じ分岐度となる．これまでの文献では，Fréchet式による分岐度が使われている例が多い．分岐度はハイパーブランチポリマーの構造を示す因子ではあるが，分岐度が1であっても数多くの異性体

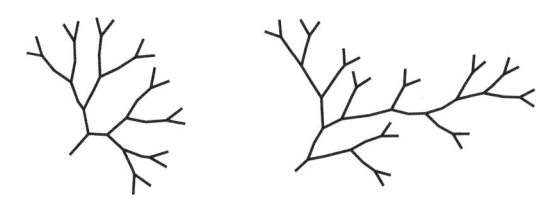

図 2.2 分岐度1のハイパーブランチポリマーにおける構造異性体.

が存在する（図 2.2）．重合が常に等方的に成長し，かつ，分岐度が 1 になったときに初めて重合体が対応するデンドロンと同じ構造となる．分岐度を算出する実験的手法としては NMR 測定が簡便でよく用いられている．エステル，カーボネートなど容易に切断可能な結合により形成されるハイパーブランチポリマーはその分解生成物を分析することにより分岐度を決定できることもある．

ハイパーブランチポリマーは一段階重合法で合成される合成高分子であり，デンドリマーとは異なり分子量分布をもつ．分子量分布の目安となる重量平均モル質量（M_w）と数平均モル質量（M_n）の比（M_w/M_n）は縮合系高分子の場合 2 に近づくが，ハイパーブランチポリマーでは重合度とともに M_w/M_n は大きくなる（統計的には $M_w/M_n \fallingdotseq DP/2$）．これは定性的には重合の進行とともに成長分子が反応点を多くもつことによると理解できる．実際には再沈殿操作などで低分子量成分を除去すればここまで分布は大きくならない．分子量分布を狭くする工夫として，重合系へのコア分子の添加，段階的モノマー添加法などがある．

ハイパーブランチポリマーは繰り返し単位に枝分かれをもつ三次元的骨格によりデンドリマー類似の性質を示すことが知られている．図 2.3 にデンドリマー，ハイパーブランチポリマー，直鎖高分子について分子量と極限粘度の関係模式図を示す．デンドリマーでは分子量の増加に伴い分子形状が球状に近づいていくため変曲点が観察される．ハイパーブランチポリマーの分子量に対する粘度は直鎖高分子より大幅に小さく，デンドリマーに近い．

線状高分子を溶融すると粘性の高い粘弾性液体となるが，ハイパーブ

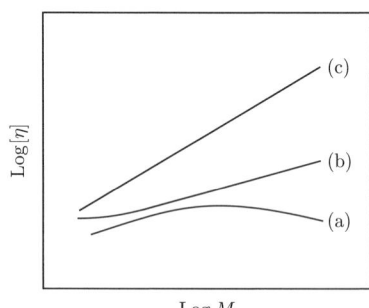

図 2.3 高分子の分子量と極限粘度の関係模式図. (a) デンドリマー, (b) ハイパーブランチポリマー, (c) 直鎖高分子.

ランチポリマーの溶融粘度は低くなることが知られている.これは高い分岐密度により分子鎖間の絡み合いがほとんどなくなることに起因する.粘性を下げるための添加剤として有効と考えられる一方,バルク材料としてはもろいものとなる.

通常の線状高分子では末端官能基が2個しかないので,分子量が大きくなると末端官能基の影響が無視できるほど小さくなる.一方,ハイパーブランチポリマーでは末端官能基が多く存在するため,その官能基の性質に与える影響が大きい.すなわち,ハイパーブランチポリマーの性質は繰り返し単位の分子骨格とともに末端基の影響も強く受ける.例えば強い分子間力が期待できるヒドロキシル基などを末端に導入すると材料のガラス転移温度が高くなる.また,末端基をカルボキシレートなど水溶性置換基にするとハイパーブランチポリフェニレンなどでも水溶性になることが確認された[5].

ハイパーブランチポリマーの合成について,最初に考えるのは分子量無限大のゲルになってしまうのではという心配であろう.この点については50年以上前のFloryの論文ですでに統計的にゲル化しないことが示されている.分岐点をもつモノマーの重合において,無秩序な分子間反応が起こらなければ分子量は有限の値となり,可溶性重合体が単離できる.ハイパーブランチポリマーの合成法として,AB_x 型モノマーの自己重縮合が最も一般的である.このほか,開始剤部位をもつビニルモ

(a) AB$_x$型モノマーの自己重縮合 (AB$_2$)

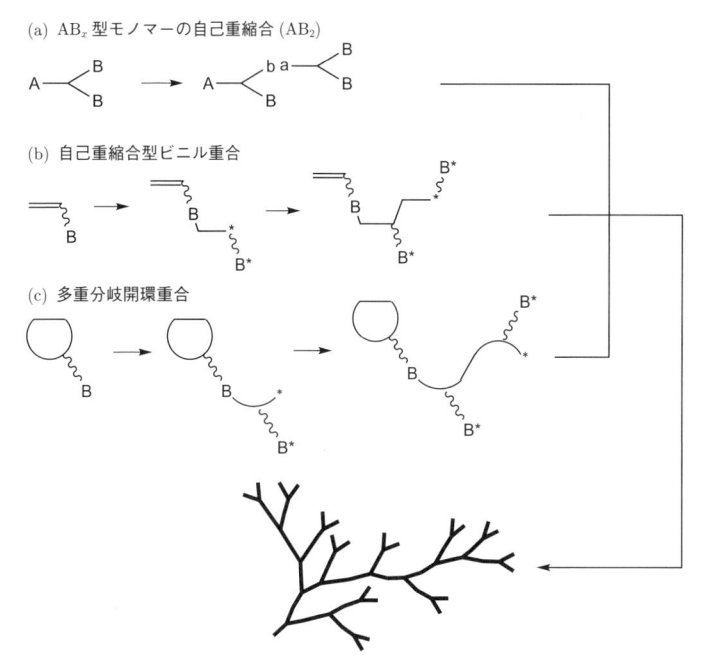

(b) 自己重縮合型ビニル重合

(c) 多重分岐開環重合

図 **2.4** ハイパーブランチポリマーの合成法分類.

ノマーの自己縮合型ビニル重合，開環により分岐点を形成される重合がある（図 **2.4**）．

2.3 自己重縮合によるハイパーブランチポリマーの合成

2種類の官能基を複数もつモノマー（AB$_2$型モノマー）の自己重縮合によりハイパーブランチポリマーが合成できる．これは最も一般的なハイパーブランチポリマーの合成法であり，様々な繰り返し単位をもつハイパーブランチポリマーの合成が報告されている．図 **2.5** に 1990 年に報告された Kim らによるハイパーブランチフェニレンの合成法を示す[5]．デンドリマー類似高分子の簡便な合成法として大きな影響を与えた研究であり，また，カルボキシレート末端をもつポリマーが水溶性で単分子ミセルを形成すると報告された．

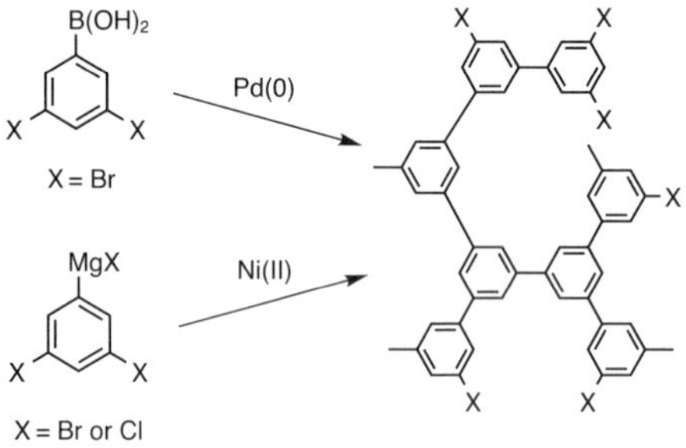

図 2.5 Kim らによるハイパーブランチポリフェニレンの合成.

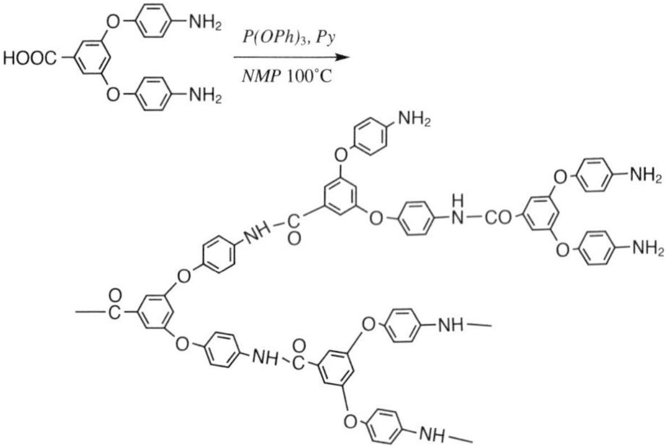

図 2.6 縮合剤を用いたハイパーブランチ芳香族ポリアミドの合成.

柿本らは縮合剤を用いたハイパーブランチ芳香族ポリアミドの合成について,構造と分岐度の関係,共重合による分岐度制御について報告した (図 2.6)[6,7]. アミノ基 2 個とカルボキシル基 1 個もつ AB_2 型モノマーを縮合剤添加により直接重縮合させることでハイパーブランチポリマーが得られる. スペーサーとしてエーテル結合をもつモノマーの自己重縮合では統計的に期待される分岐度約 0.5 のハイパーブランチポリマーが得られる. 一方, スペーサーをもたない 3,5-ジアミノ安息香酸の自己重縮合では分岐度が約 0.3 まで低下する. 重合中に生成する直鎖部の反応性が立体障害, 電子的影響を受けるためと考えられる.

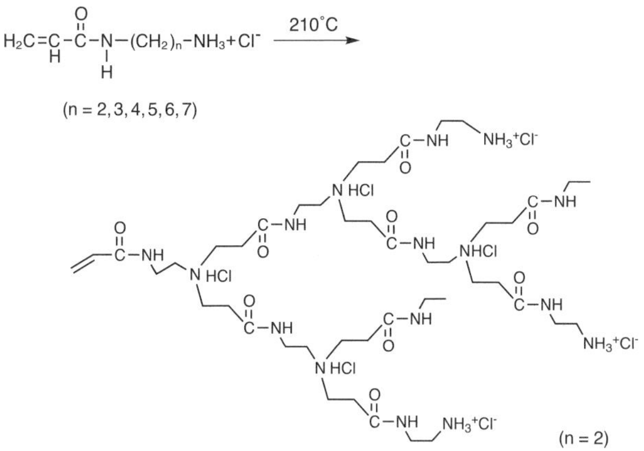

図 **2.7** マイケル型付加反応によるハイパーブランチポリアミドアミンの合成.

　自己重縮合によるハイパーブランチポリマーの合成ではあらかじめ分岐点を導入したモノマーの重合が一般的であるが，反応進行に伴い分岐点を形成させる重合でもハイパーブランチポリマーが合成できる．第1級アミノ基は潜在的二官能性置換基として利用可能で，2分子と反応させれば分岐点が形成できる．Feast らはマイケル型付加反応を利用したハイパーブランチポリアミドアミンの合成を報告した（図 **2.7**）[8]．これは最も研究されているデンドリマーの1つであるポリアミドアミンデンドリマー類似のハイパーブランチポリマーである．

2.4　連鎖重合によるハイパーブランチポリマーの合成

　開始剤となる反応点をもたせた二重結合性化合物の重合では，重合の進行とともに分岐点が生成するのでハイパーブランチポリマーが生成する．Fréchet らはリビングカチオン重合系にこの概念を適用し，これを自己縮合性ビニル重合（self-condensing vinyl polymerization: SCVP）と名付けた[9]．図 **2.8** に SCVP の重合進行の模式図を示す．外部からの刺激により B 官能基が活性化された後，他のモノマーとカップリングして活性点がカップリングした分子の末端に移動する．この分子には B 官能基からの活性点も存在するため，重合活性点を2つも

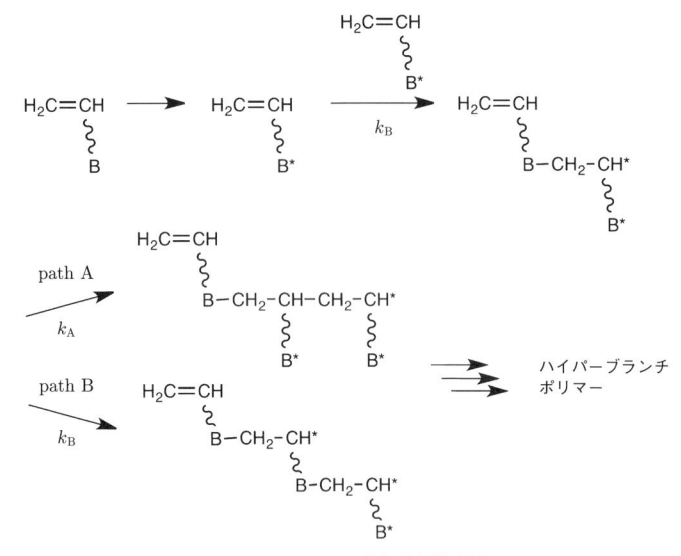

図 2.8 SCVP の重合進行模式図.

つことになり,分岐点形成が可能となる.カップリングにより生成した成長活性末端と B 官能基由来の活性末端の反応性差は重合体構造に大きな影響を与える.カップリングにより生成した末端の反応性が極端に高い場合,直鎖に近い重合体が生成する(path A).一方,B 官能基由来の開始反応が速い場合,生成分子の活性点が次々と増えていき,分岐構造形成に有利となる(path B).この 2 種類の成長反応は SCVP 独特のものであり,モノマー構造を検討する上で考慮すべき点といえる.

SCVP ではビニル重合における停止反応や連鎖移動反応などが少量でも反応系のゲル化を引き起こす恐れがある.このため,これらが無視できるリビング重合系について,SCVP によるハイパーブランチポリマーの合成が報告されている.これまで,リビングカチオン重合,リビングラジカル重合,グループトランスファー重合を利用したハイパーブランチポリマーの合成が報告された.

SCVP の最初の報告例であるリビングカチオン重合によるハイパーブランチポリスチレンの合成について図 2.9 に示す[9].モノマーは四

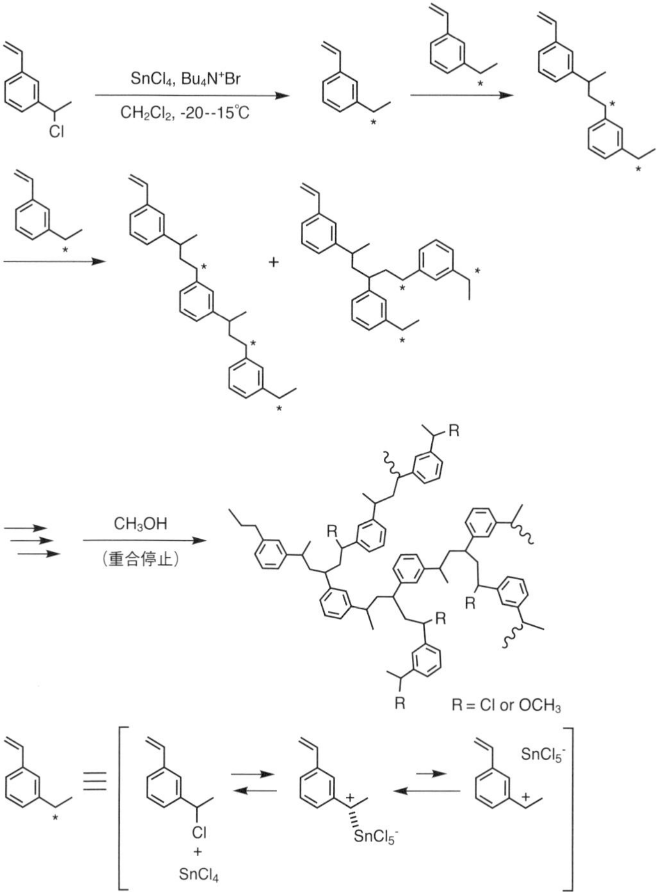

図 2.9 リビングカチオン重合を用いた SCVP によるハイパーブランチポリスチレンの合成.

塩化スズにより活性化され,カルボカチオンを活性種として重合が進行する.重合後期に分子量が急増する重合挙動と高分子量体の生成が報告された.この重合体は AB_2 型モノマーの重縮合によるハイパーブランチポリマーと同様に固有粘度が低いことより,デンドリティック構造の発達が示唆された.

2.5 A_2-B_3 型重合によるハイパーブランチポリマーの合成

ハイパーブランチポリマーを合成する最も一般的な手法は AB_2 型モノマーの自己重縮合であるが，これら AB_2 型モノマーは入手可能な化合物が極めて限られている．一方，同じ官能基をもつ二官能性化合物（A_2 型モノマー），三官能性化合物（B_3 モノマー）は直鎖高分子のモノマーや架橋剤として入手可能な化合物が豊富に存在する．AB_2 型モノマーの自己重縮合では無限網目構造は形成せずハイパーブランチポリマーが得られるが，A_2 型モノマーと B_3 モノマーの重合ではある反応率以上では分子量が無限大となりゲルを形成する．A_2 型モノマーと B_3 モノマーから重合系中で AB_2 型分子を効率よく生成させることができれば，これらを出発物質としたハイパーブランチポリマーの合成が可能となる（図 **2.10**）．実際には，対称モノマーを用いた場合，AB_2 型分子を系中で選択的に 100% 生成させることは難しいが，反応率や仕込み比を制御することでハイパーブランチポリマーと類似構造をもつ可溶性高分子量重合体の合成例が報告されている．三官能性モノマーに反応性の偏りをもたせた BB_2' 型モノマーと A_2 型モノマーの重合は選択的な AB_2' 型分子形成に有利である．

寺境らは芳香族ジアミンと芳香族トリカルボン酸の 1：1 モル比による直接重縮合から可溶性分岐ポリアミドが合成できることを報告した（図 **2.11**）[10]．芳香族ジアミンと芳香族トリカルボン酸の縮合によるゲルやネットワークポリマーの研究は古くから報告されていたが，AB_2 型モノマーを使用せずにハイパーブランチポリマーを合成しようとする最初の提案である．p-フェニレンジアミンとトリメシン酸の重合の

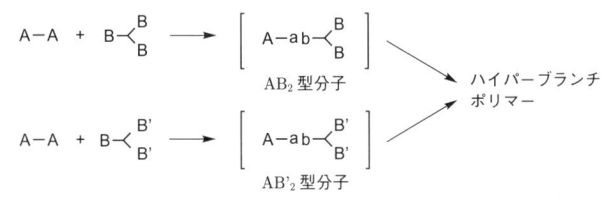

図 **2.10** A_2 型-B_3 型，A_2 型-BB_2' 型モノマーの重合によるハイパーブランチポリマーの合成．

場合，片方のアミノ基がアミド結合になると電子供与効果が弱くなるため，もう一方のアミノ基の反応性は低下する．この反応性低下は AB_2 型分子の形勢に有利であるが，カルボキシル基の反応性はほとんど変化しない．このため，反応初期における AB_2 型分子の100%生成は達成されないが，適切な反応条件下でゲル化前に重合を停止するとハイパーブランチポリマーと類似構造をもつ可溶性重合体を得ることができる．この重合系ではモノマー濃度，反応温度，無機塩添加の有無などがゲル化に影響を与え，また，あらかじめ活性化されたモノマー（酸クロリドなど）を用いるより，重合系中でモノマーを活性化させた方が重合を調節しやすい．重合をゆっくり進行させた方が可溶性重合体を得やすい点は他の重合系でも当てはまる．これら A_2 型モノマーと B_3 モノマーの重合から得られるハイパーブランチポリマーは部分的架橋構造により分子量の増加とともに固有粘度が高くなることが一般的である．

三官能性化合物として BB'_2 型モノマーを用いたハイパーブランチポリマーの合成では，B官能基がB'官能基より高い反応性をもつことが選択的な AB'_2 型分子の形成には必須となる．この反応性差が十分に大きければ重合はゲル化することなく進行し，高分子量ハイパーブランチポリマーが合成可能となる．Yanらは第2級アミノ基と第1級アミノ

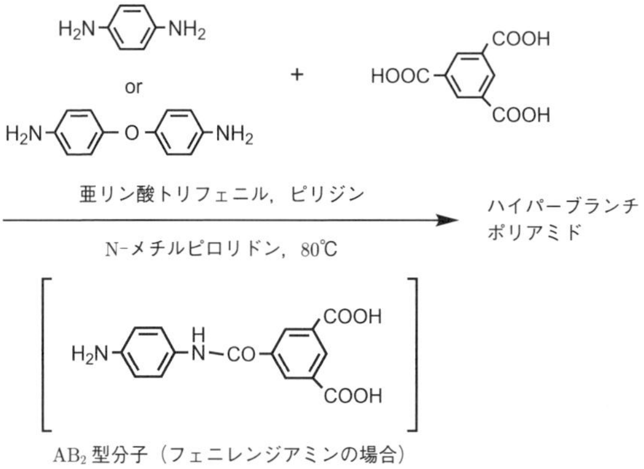

図 2.11 A_2 型-B_3 型モノマーを出発物質としたハイパーブランチポリアミドの合成．

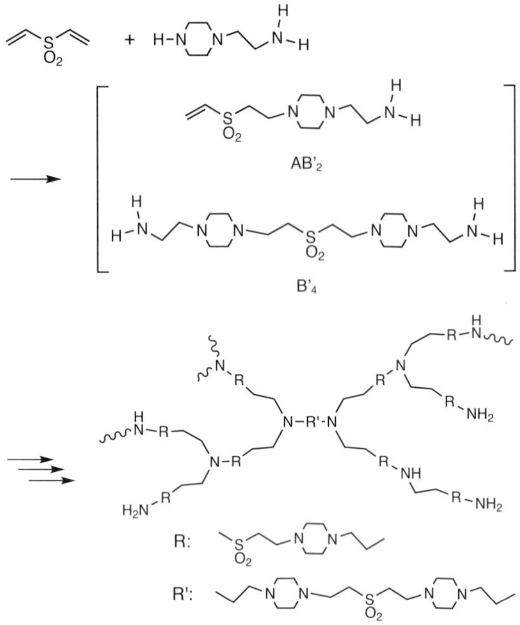

図 2.12 A_2 型-BB'_2 型モノマーの重合によるハイパーブランチポリスルホンアミンの合成.

基をもつジアミンを BB'_2 型モノマーとして用い,電子求引性基をもつ種々のジビニル化合物とのマイケル型付加反応によるハイパーブランチポリマーの合成を報告した[11]. 図 2.12 にハイパーブランチポリスルホンアミンの合成例を示す. 第 2 級アミノ基は第 1 級アミノ基より求核性が高い B 官能基としての役割を果たす. 第 1 級アミノ基は第 3 級アミノ基生成まで 2 回反応可能なので B'_2 官能基として機能する. このため,重合初期に AB'_2 型分子の選択的形成が期待できる. A_2 型モノマーが消費されて濃度が低下すると,AB'_2 型分子が BB'_2 型モノマーと反応した B'_4 型分子が一部生成するが,これは重合中に核分子として機能するためゲル化を引き起こさない. その結果,重合系は高反応率までゲル化せずに進行し,ハイパーブランチポリスルホンアミンが得られる. これら A_2 型モノマーと BB'_2 型モノマーの重合から得られるハイ

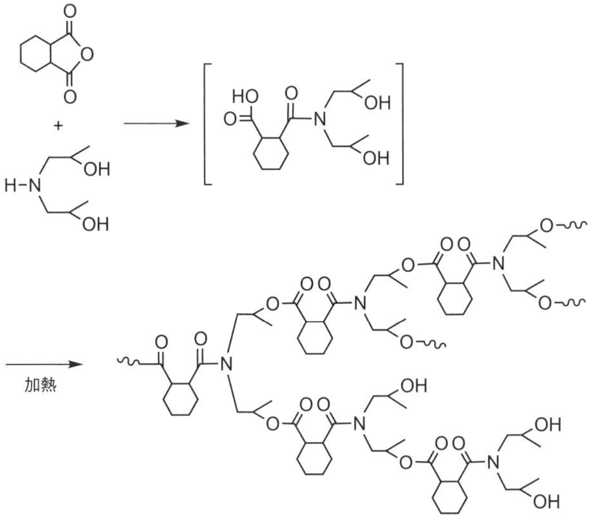

図 2.13 ハイパーブランチポリエステルアミドの合成.

パーブランチポリマーは AB_2 型モノマーの自己重縮合によるハイパーブランチポリマーと同様に分子量の割に固有粘度が低くなることが実験的に示されている.

市販されているハイパーブランチポリエステルアミド（DSM 社）は A_2 型（AA' 型）モノマーと BB_2' 型モノマーの組み合わせにより合成されている（図 2.13）．環状酸無水物を潜在的 A_2 型モノマー，アミノ基 1 個とヒドロキシル基 2 個もつジ-2-プロパノールアミンを BB_2' 型モノマーとして用いる．モノマー仕込み比，酸無水物や末端修飾剤の種類，分子量の異なる様々なグレードが「Hybrane®」として商品化されている．

2.6 その他のハイパーブランチポリマー合成法

モノマー自体に分岐点がなくても開環反応により分岐点が連続的に形成されればハイパーブランチポリマーの合成が可能であり，これらは多重分岐開環重合（multibranching ring-opening polymerization:

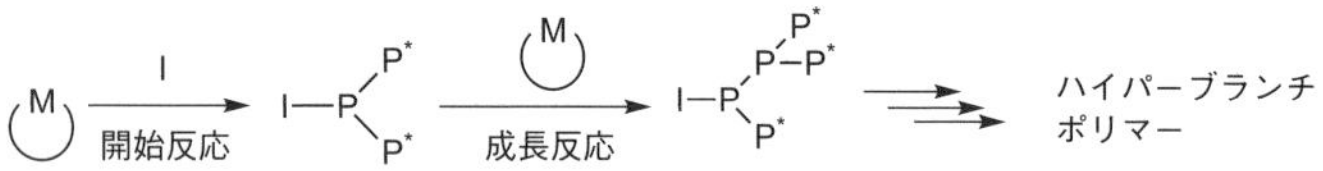

図 2.14 多重分岐重合（MBP）によるハイパーブランチポリマーの合成.

MBP または MBROP) と呼ばれている．重合進行の模式図を図 2.14 に示す．モノマーは開環により分岐点を形成可能な環状部をもっており，開始剤は重合系に添加してもよいし，モノマー自体に開始剤部を導入してもよい．開環反応が起こるたびに成長活性末端が増加しながら分岐構造が発達していく．

鈴木らはアミンを求核成分としたパラジウム触媒を用いた開環重合によるハイパーブランチポリアミンの合成を報告し，この重合を多重分岐重合（MBP）と名付けた（図 2.15）[12]．重合は開始剤（第 1 級アミン）の添加により開始される．開始剤の π-アリルパラジウム錯体への求核反応により第 2 級アミノ基の生成と脱炭酸が同時に起こる．このとき生成する第 1 級アミノ基と第 2 級アミノ基はともに新しい求核成分となるため，分子鎖成長とともに成長活性末端が増加することになる．生成重合体中には分岐点となる第 3 級アミノ基が多く存在することが確認されたが，重合中の析出により高分子量ハイパーブランチポリマーの合成には至らなかった．

開始剤部位をもつ環状化合物の重合から MBP によりハイパーブランチポリマーが合成できる．Frey らはアニオン開始剤を用いたグリセロール（グリシドール）の開環重合によるハイパーブランチポリグリセロールの合成を報告した（図 2.16）[13]．ハイパーブランチポリグリセロールはその骨格が医療分野で用いられるポリエチレングリコールと類似しており，種々のバイオ関連の応用が検討されているハイパーブランチポリマーである．

高温，高圧下でのラジカル重合により合成される低密度ポリエチレンは不規則な分岐構造を含んでおり，分岐は制御されていないもののハイパーブランチポリマー類似構造の重合体である．Guan らはパラジウム触媒を用いたエチレンの重合が圧力により構造制御可能で，低圧下では分岐構造が発達してハイパーブランチポリマーが合成できることを報告

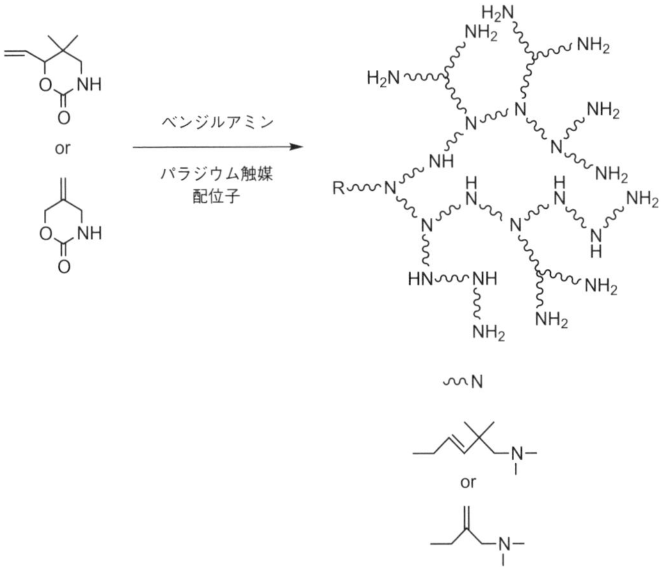

図 2.15 パラジウム触媒を用いた開環重合（MBP）によるハイパーブランチポリアミンの合成．

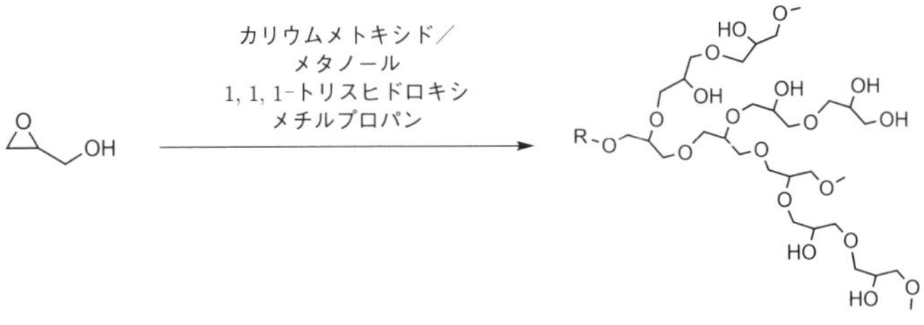

図 2.16 MBP によるハイパーブランチポリグリセロールの合成．

した（図 2.17）[14]．chain walking 機構と呼ばれる活性点の移動により分岐点が形成される．圧力制御により直鎖からハイパーブランチまで分岐を制御した重合体が合成できることが報告された．

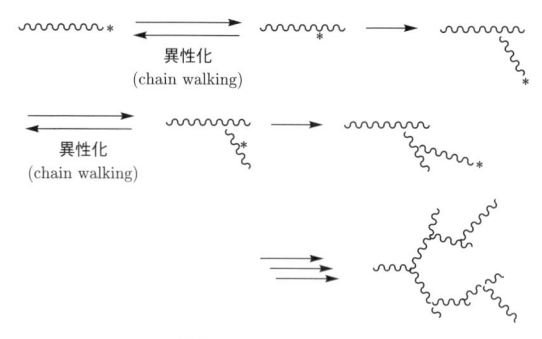

図 **2.17** chain walking 機構によるハイパーブランチポリエチレンの合成.

2.7 おわりに

1990 年代以降,様々な構造をもつハイパーブランチポリマーの合成が報告されてきた.本章では各ポリマーに関する記述は最小限にとどめ,代表的合成法を紹介した.各ポリマーの合成や特性については専門書や総説を参照されたい[1,2,15,16].ハイパーブランチポリマーはその三次元的枝分かれ構造からデンドリマー類似の性質を示すことが明らかとなっている.簡単に合成可能なデンドリマー類似高分子としての応用が期待される.一方,分岐不十分な構造(直鎖部)をもつこと,分子量分布をもつことがデンドリマーとは明らかに異なる.直鎖高分子と比較すると,重合度が高くても多数の官能基をもつこと,分子鎖の絡み合いに由来する高分子らしさをもたないことなども特徴といえる.既存の高分子材料の延長とは異なる新しい用途開発が期待される.

引用・参考文献

1) 「デンドリティック高分子」,青井啓悟,柿本雅明(監修),(エヌ・ティー・エス,2005).
2) "Hyperbranched Polymers", D. Yan, C. Gao and H. Frey (Eds.), (John Wiley & Sons, 2011).
3) C.J. Hawker, R. Lee and J.M.J. Fréchet: *J. Am. Chem. Soc.*, **113**, 4583 (1991).
4) D. Hölter, A. Burgath and H. Frey: *Acta Polymer.*, **48**, 30 (1997).

5) Y.H. Kim and O.W. Webster: *J. Am. Chem. Soc.*, **112**, 4592 (1990).
6) G. Yang, M. Jikei and M. Kakimoto: *Macromolecules*, **32**, 2215 (1999).
7) Y. Ishida, A.C.F. Sun, M. Jikei and M. Kakimoto: *Macromolecules*, **33**, 2832 (2000).
8) L.J. Hobson and W.J. Feast: *Polymer*, **40**, 1279 (1999).
9) J.M.J. Fréchet, M. Henmi, I. Gitsov, S. Aoshima, M.R. Leduc and R.B. Grubbs: *Science*, **269**, 1080 (1995).
10) M. Jikei, S.-H. Chon, M. Kakimoto, S. Kawauchi, T. Imase and J. Watanabe: *Macromolecules*, **32**, 2061 (1999).
11) D. Yan and C. Gao: *Macromolecules*, **33**, 7693 (2000).
12) M. Suzuki, A. Ii and T. Saegusa: *Macromolecules*, **25**, 7071 (1992).
13) A. Sunder, R. Hanselmann, H. Frey and R. Mülhaupt: *Macromolecules*, **32**, 4240 (1999).
14) Z. Guan, P.M. Cotts, E.F. McCord and S. J. McLain: *Science*, **283**, 2059 (1999).
15) M. Jikei and M. Kakimoto: *Prog. Polym. Sci.*, **26**, 1233 (2001).
16) B.I. Voit and A. Lederer: *Chem. Rev.*, **109**, 5924 (2009).

第3章

星型ポリマーの合成

3.1 はじめに

　星型ポリマーは1つの原子または複数の原子団を中心として，そこから3本以上のポリマー鎖が連結した構造をもつ分岐ポリマーと定義される．ここで，中心をなす部分は「核」，核に連結したそれぞれの構成ポリマーは「腕ポリマー」または「腕セグメント」と呼ばれる．腕ポリマーがn本の場合，「n本鎖星型ポリマー」と表記され，nは「腕数」と呼ばれる．構造から明らかなように，分岐が一点に集中しており，分岐ポリマーの中で最も単純な構造を有しているため，分岐ポリマーのモデルとして古くから研究が行われてきた[1-4]．星型ポリマーには多数の名称があり，統一されていないが，英語では「star-branched polymer」，「star-shaped polymer」，または単に「star polymer」と表記される．

　星型ポリマーは，図3.1に示す通り，腕ポリマーの鎖長と化学種が全て同一のポリマーから構成されるレギュラースターポリマー（regular star-branched polymer）と異種の腕ポリマーから構成される非対称星型ポリマー（asymmetric star-branched polymer, mixed-arm star polymer）の2種類に大別できる．レギュラースターポリマーは，単一ポリマーから構成される星型ポリマーを指すが，これを単に「星型ポリマー」と呼ぶことが多い．ブロック共重合体から構成される対称な星型ポリマーは，「星型ブロック共重合体」と別表記されるが，合成法はレギュラースターポリマーとほぼ同じであるため，それの1つに分類される．

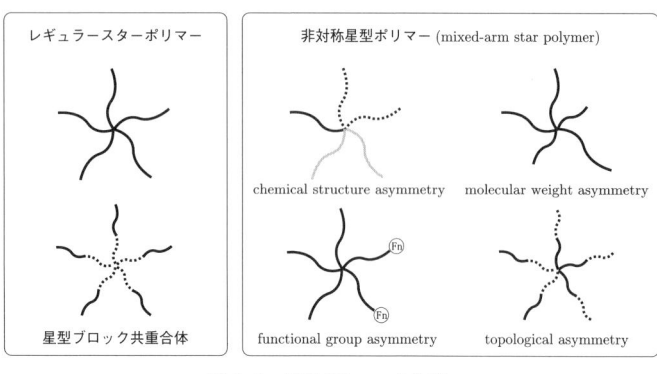

図 3.1 星型ポリマーの分類.

　非対称星型ポリマーはナノレベルの特徴的な自己組織化構造を示すため，近年注目されている分岐ポリマーの1つである．非対称星型ポリマーは腕ポリマーの化学種の異なる chemical structure asymmetry,単一ポリマーであるが鎖長の異なる molecular weight asymmetry,末端官能基の有無が異なる functional group asymmetry,およびトポロジーの異なる topological asymmetry の4タイプに分かれる．これらの中では，chemical structure asymmetry のタイプに関する研究が圧倒的に多い．

3.2 星型ポリマー

3.2.1 星型ポリマーの合成

　星型ポリマーの合成には，重合可能なモノマーの種類が多く，広範囲の分子量が制御可能で，さらに分子量分布の狭いポリマーが得られる重合系が望ましい．これまで，カチオン重合，アニオン重合，ラジカル重合，および重縮合を用いた星型ポリマーの合成が知られているが，精密に，そして系統的に星型ポリマーを合成するためにはリビングアニオン重合[4-6]が最も適している．リビングアニオン重合では，開始剤とモノマーの仕込み比に応じて，数十万まで分子量を制御できる上，分子量分布を 1.1 以下にすることができる．また，環状モノマーを含め，2-ビニルピリジン，各種アクリレートやメタクリレート類，さらに N,N-

(a) ジビニル化合物を用いる方法

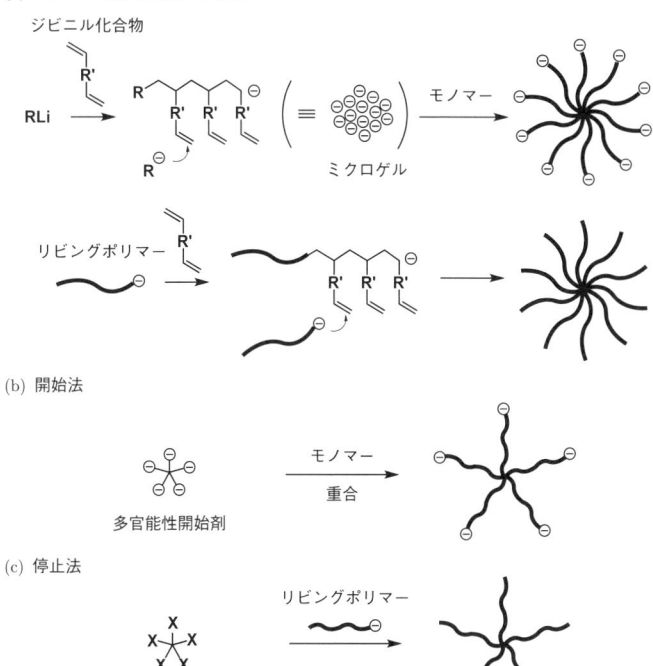

(b) 開始法

(c) 停止法

図 **3.2** 星型ポリマーの合成法.

ジアルキルアクリルアミドなど適用可能なモノマーの種類も多い．さらに，モノマーを完全に消費した後にもポリマー鎖末端に高反応性かつ安定なアニオン種が定量的に残るため，種々の反応に応用できることも分岐構造を構築するのに好都合である．

リビングアニオン重合を基とした星型ポリマーの合成法は，図 **3.2** に示す3つに大別される．

(a) のジビニル化合物を用いる方法では，アルキルリチウムなどの有機金属試薬とジビニルベンゼンなどのジビニル化合物の反応による多官能性開始剤を合成後，モノマーの重合を行う方法や，リビングポリマーにジビニル化合物を添加する方法が用いられる．これらの方法では，開

始剤とジビニル化合物の仕込み比を変えることで,簡便に腕数の多い星型ポリマーを得ることができる.しかし,腕数に分布が生じるため,明確な構造を有する星型ポリマーの合成には適用できない.

(b) の開始法は,多官能性開始剤を核とし,モノマーを添加することで重合を開始させ,腕ポリマーを成長させる方法である.この方法では,腕ポリマーが成長するに従い,活性種近傍の立体障害が軽減されるため,高分子量の腕ポリマーを形成しやすい.さらに,成長末端は高反応性のアニオン種であるため,別種のモノマー添加によるブロック化や親電子試薬との反応による末端官能基化が可能で,分子設計を拡張できる.欠点は,多数のアニオン種を有する多官能性開始剤の合成と精製は極めて難しく,腕数に制限を受けることである.最近では,中性の多官能性開始剤が簡便自在に合成・精製できることから,分子量および分子量分布を制御できるリビングラジカル重合と開始法を組み合わせた方法により,腕数の比較的多い星型ポリマーが合成できるようになっている.しかしながら,得られた星型ポリマーの腕セグメントを核から切断しない限り,腕ポリマーが核から均一に成長しているか否か確認するすべがないため,精密合成の観点から問題が残る.

(c) の停止法は,腕ポリマーをあらかじめ合成し,次に多官能性停止剤と結合反応させる方法である.この方法では,腕ポリマーが設計通りの分子量と狭い分子量分布を有することが保証される.さらに,停止剤の官能基数が確定しているため,腕数の明確な星型ポリマーの合成が可能である.以上から,停止法は構造の明確な星型ポリマーの合成に最も適した方法と考えられる.しかしながら,腕数が増えると,立体障害により核への定量的な導入反応が難しくなるので,反応条件,腕ポリマーの分子量,核の構造の工夫など注意する必要がある.

停止法の代表として,シリルクロリド基[7,8]やベンジルハライド基[9-11]を有する多官能性停止剤を用いた手法が報告されている.他に,$SnCl_4$, hexachlorocyclictriphosphazene, 2,4,6-triallyloxytriazine, dimethyl terephthalate, tetrakis((phenyl-1-vinyl)-4-phenyl)plumbane および 1,1,4,4-tetraphenyl-1,4-bis(allyloxytriazine)butane を用いた例もある[5].Hadjichristidis らは,シリルクロリド基を有する多官

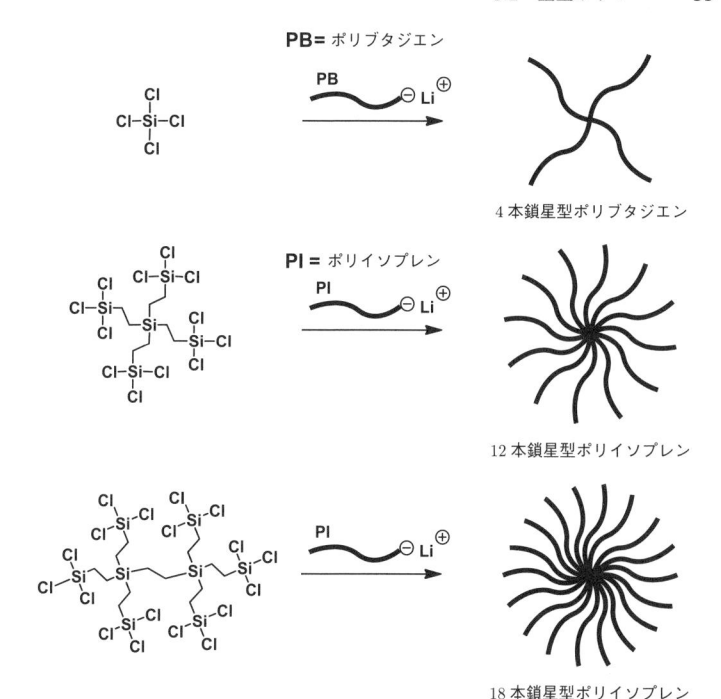

図 3.3 シリルクロリド基を有する多官能性停止剤を用いた星型ポリマーの合成例.

能停止剤とリビングアニオンポリマーをカップリングさせることで，4，6，12 および 18 本鎖星型ポリスチレン，4，6，8，12 および 18 本鎖星型ポリイソプレン，さらに 32，64 および 128 本鎖星型ポリブタジエンの合成に成功した[12-16]．図 3.3 に代表例を示す．後の報告で 32 および 64 本鎖星型ポリブタジエンの合成において，実際のシリルクロリド基の導入数はそれぞれ 31 と 60，腕数は 29 本と 54 本であることが詳細な解析でわかった．このように，腕数の増加に伴い，立体障害の影響が少なからず効いてくることが明らかとなった．しかしながら，本手法が現在のところ最も有力な方法の 1 つであることは疑いない．

ベンジルハライド基を用いた手法も試みられてきた．スチレン，イソプレン，1,3-ブタジエンなどのリビングアニオンポリマーとベンジルハ

ライド基を有する多官能性停止剤をカップリング反応する方法であるが, 金属ハロゲン交換反応, プロトン引き抜き, 一電子移動などの副反応が併発し, 目的の腕数に合致しない星型ポリマーが生成することが知られている. しかし近年, リビングポリマーの末端を単独重合性のない1,1-ジフェニルエチレン (DPE) でキャップし求核性を低下させ, 反応条件をテトラヒドロフラン中, −40℃ 以下にする, そして1つのベンゼン環に対してハロメチル基の導入を1つに限定するなどして, 上述の副反応をほとんど抑えることが可能になっている[9-11]. そして現在では, 様々な腕数 (3〜33本鎖) をもつ構造の明確な星型ポリスチレンの合成に成功している[17]. シリルクロリド基は, メタクリル酸エステルやエチレンオキシドのリビングアニオンポリマーと反応するが, 加水分解されやすい Si-O-C 結合が形成されるため適切ではない. 一方, これらのリビングポリマーとベンジルハライド基は安定な C-C あるいは C-O-C 結合を形成し, 対応する星型ポリ (メタクリル酸エステル) や星型ポリエチレンオキシドが合成できる. 一般に, リビングアニオン重合を用いて合成された星型ポリマーは, 分子量が数千から数百万まで制御され, 狭い分子量分布 (<1.05) を示すことより, モデルポリマーとして最適である.

このように, 構造の明確な星型ポリマーの合成は, リビングアニオン重合と停止法を組み合わせることでほぼ確立している. 簡便なリビングラジカル重合では, ポリマー鎖末端の活性ラジカル濃度が極めて低く, 多官能性停止剤との定量的な反応は難しいので, 停止法にはほとんど適用されない.

3.2.2 星型ポリマーの特徴

星型ポリマーは, 同じ分子量の直鎖状高分子に比べて分子構造がコンパクトになり, 高分子量でも低い溶液・溶融粘度を示す. そのため, 粘度調整剤, 粘弾性調整剤, 表面・界面改質剤など, とりわけポリマーブレンドにおいて重要な役割を果たしている. 星型ポリマーの分岐様式の特徴をよく反映する指標として g' 値がある. g' 値は, 星型ポリマーの固有粘度 $[\eta]_{star}$ と直鎖状ポリマーの固有粘度 $[\eta]_{linear}$ の比 ($0 < g' < 1$,

式 (3.1)) である. g' 値は, 星型ポリマーの腕数や構造対称性に大きく影響を受け, 腕数 f と g' は理論とモデルポリマーの実測に基づく半経験式により関係付けられている. そして, ポリマーの種類によらないことから, 分岐様式の評価にもよく用いられる.

以下に g' 値の代表的な算出法を紹介する. $[\eta]_{\text{star}}$ は粘度測定により得られた実測値を用い, $[\eta]_{\text{linear}}$ は Mark-Houwink-桜田の式 (3.2) より算出する. 星型ポリマーの絶対分子量 M を光散乱法などにより測定し, その値を対応する K, α の値とともに式 (3.2) に代入することで $[\eta]_{\text{linear}}$ が得られる. 同じ分子量をもつ直鎖状ポリマーを合成し, その粘度測定による実測値を $[\eta]_{\text{linear}}$ としてもよい. 式 (3.1) より, g' 値を実験的に求めることができる. 一方, g' 値の半経験理論式は, f の数により式 (3.3)[18] または式 (3.4)[19] を用いることで f の関数として表される. 両者の g' 値を比較することで, 分岐様式を評価することができる. 例えば, 20 本鎖星型ポリマーの g' 値は, 式 (3.4) から 0.21 となり, 直鎖状ポリマーに比べて約 1/5 の粘度を示すことがわかる.

$$g' = \frac{[\eta]_{\text{star}}}{[\eta]_{\text{linear}}} \tag{3.1}$$

$$[\eta]_{\text{linear}} = K \cdot M^\alpha \quad (K, \alpha \text{ は定数}, M \text{ は分子量}) \tag{3.2}$$

$$g' = \frac{[(3f-2)/f^2] \cdot 0.58 \cdot [0.724 - 0.015(f-1)]}{0.724}, \ (f < 17) \tag{3.3}$$

$$\log g' = 0.36 - 0.80 \log f \tag{3.4}$$

最近では, 微小角入射 X 線散乱法 (GIXRD) を用いることで, 星型ポリマーの形態についての詳細な評価が可能になっている. 構造の明確な 6, 9, 17, 33 および 57 本鎖星型ポリスチレンの GIXRD 測定データの詳細な解析により, 6, 9 および 17 本鎖星型ポリスチレンは楕円球のようにつぶれた形態であるのに対し, 33 および 57 本鎖と腕数を増やすほど真球体に近づくことが明らかとなっている (図 **3.4**)[20].

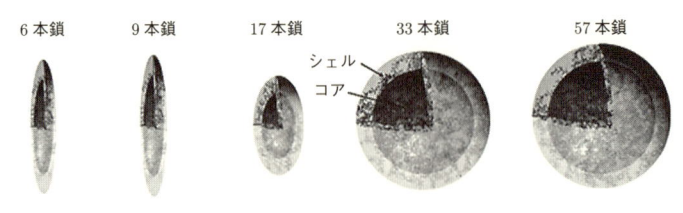

図 3.4 星型ポリマーの形態.

3.3 非対称星型ポリマー

3.3.1 非対称星型ポリマーの合成

非対称星型ポリマーは，近年注目されている新しい分岐ポリマーの1つである．しかし，その合成はレギュラースターポリマーよりも格段に困難である．なぜなら，導入する腕ポリマーの種類に応じた多段階の反応が必要で，反応中間体の分離・精製が必要とされるためである．現時点では，リビングアニオン重合を基とした非対称星型ポリマーの合成法が最も信頼でき，おおむね2種類に分けられる．

第1の合成法は，3.2.1項で紹介したように，シリルクロリド基を有する停止剤を用いる方法[7,8]である．この方法は，リビングポリマー鎖末端のシリルクロリド基に対する反応性が，立体障害のため，ポリブタジエニルリチウム，ポリイソプレニルリチウム，ポリスチリルリチウムの順に小さくなることを利用している．まず，ポリイソプレニルリチウムに大過剰量のトリクロロメチルシランを反応させて末端に2個のシリルクロリド基を有するポリイソプレンを合成する．トリクロロメチルシランを減圧留去し，続いてポリスチリルリチウムとポリブタジエニルリチウムを順に反応させることで，3本鎖 ABC 型非対称星型ポリマーが合成されている（図 3.5）[21]．さらにこの方法を展開することで，4本鎖 A_2B_2 型[22]，4本鎖 ABCD 型[22]，6本鎖 AB_5 型[23]，16本鎖 A_8B_8 型非対称星型ポリマー[24]が合成されている．しかし，これらの合成法では，しばしば長時間の反応が要求されることや，適用可能なモノマーの種類がスチレン類または1,3-ジエン類に限

3.3 非対称星型ポリマー

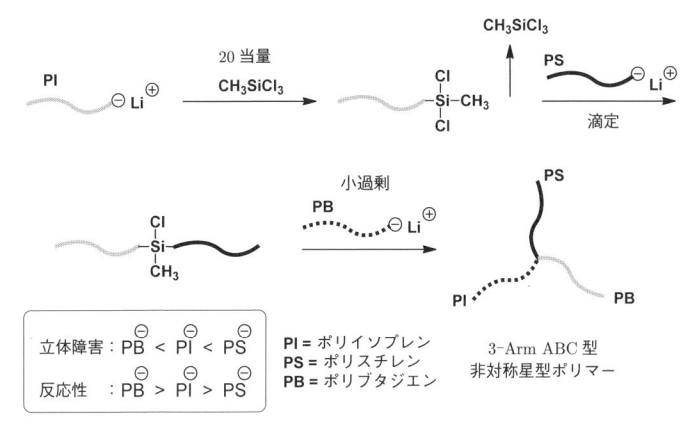

図 3.5 シリルクロリド基を有する停止剤を用いた非対称星型ポリマーの合成例.

られること, さらにリビングポリマーの添加順序に制約があることなど, 必ずしも一般性があるわけではない.

第2の合成法は, DPE の特異な性質を利用する方法[5,25]である. DPE はアルキルリチウムなどの有機金属試薬やリビングアニオンポリマーと定量的に1:1 付加反応し, 1,1-ジフェニルアルキルアニオン(DPE アニオン) を生成する. DPE アニオンは立体障害のため DPE とはそれ以上反応しないが, 親電子試薬あるいはモノマーに対して高い反応性を有する. この性質を利用し, 非対称星型ポリマーの合成が行われている. まず, 末端に DPE 基を有するポリ(ジメチルシロキサン)にポリスチリルリチウムを添加することで, 結合部位に DPE アニオンを有する AB 型ジブロック共重合体を合成し, 次に生じた DPE アニオンからメタクリル酸 *tert*-ブチルを重合することで, 3本鎖 ABC 型非対称星型ポリマーが合成されている (図 **3.6**)[25].

2つの代表的な合成法を述べたが, 得られる非対称星型ポリマーの合成例のほとんどは, 腕数が3または4本であり, 構成ポリマーの種類も3成分以下である. 4成分から構成される ABCD 型星型ポリマーは数例しか合成されていない. しかし近年, より腕数が多くかつ成分数の多い星型ポリマーを自由に設計可能な新しい合成法が開発された[9-11]. これは,「繰り返し法 (iterative methodology)」と呼ばれ, 同じ反応

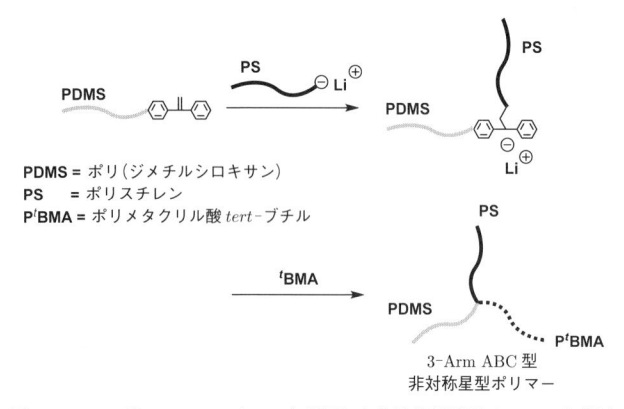

PDMS = ポリ(ジメチルシロキサン)
PS = ポリスチレン
P^{t}BMA = ポリメタクリル酸 $tert$-ブチル

図 **3.6** 1,1-ジフェニルエチレンを利用した非対称星型ポリマーの合成例.

点が腕ポリマーの導入とともに再生されるため,次々と腕数を増やすことが可能であり,原理的には腕数や腕の種類に制限がない方法である.繰り返し法の概念を図 **3.7** に示す.X をリビングアニオンポリマーと定量的に反応可能な官能基とする.リビングポリマーと X の反応により,X は Y に変換される.Y を再び X に変換することで,別種のリビングポリマーと何度でも同じ反応を繰り返すことができる.

わかりやすい例を挙げるため,X を DPE,Y を DPE アニオンとする.リビングアニオンポリマーに X(=DPE) を反応させると,結合すると同時に Y(=DPE アニオン) に変換される.ここで Y にアルキルブロミド基を有する DPE 誘導体を反応させると,Y がアルキルブロミド基と定量的に反応し,DPE,すなわち X が再導入される.X は次の反応点となり,これらの反応を繰り返すことで,ABCDE...型非対称星型ポリマーが合成できる.繰り返し法の概念を基に,最多成分として,7 本鎖 ABCDEFG 型非対称星型ポリマーの合成に成功している[26].また,X の個数は任意に設定でき,個数に応じて一度に導入できる腕ポリマーの本数が決まる.例えば,X を 2 個有する核化合物から始めると $A_2B_2C_2\ldots$ 型[27],3 個の場合では $A_3B_3C_3\ldots$ 型が合成できる[28].さらに,反応毎に X の導入個数を倍に増やせる手法も開発され,現在最も複雑な星型ポリマーとして,33 本鎖 $AB_2C_4D_8E_{16}$ 型非対称星型

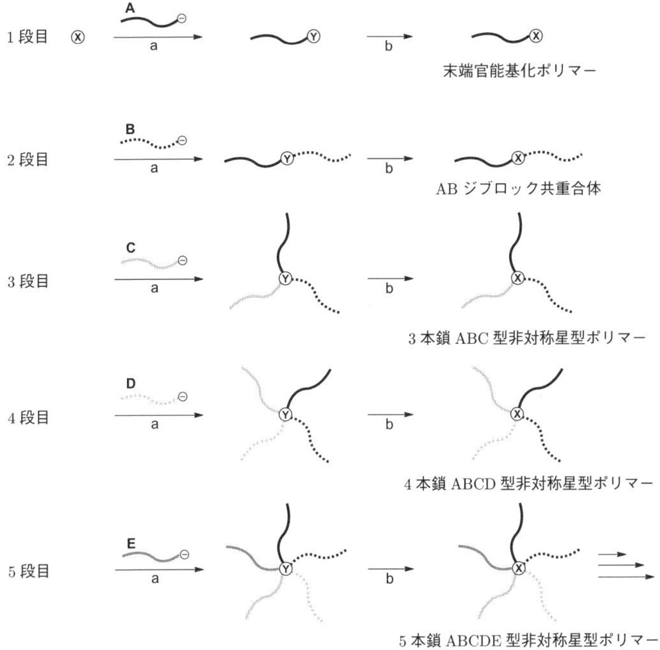

図 3.7 繰り返し法を用いた非対称星型ポリマーの連続合成.

ポリマーの合成が可能になっている[29]).

3.3.2 非対称星型ポリマーの相分離構造

非対称星型ポリマーは,分岐構造と異相構造を併せもつことから,直鎖状ブロック共重合体や 1 成分から構成される従来の星型ポリマーとは全く異なる特性を示す.Hadjichristidis らは,ポリイソプレン/ポリスチレンからなる AB ジブロック共重合体,3 本腕 AB_2 型および 4 本腕 AB_3 型非対称星型ポリマーが,同一の組成(A/B = 40/60 wt%)をもちながら,それぞれラメラ,シリンダーおよび球状構造の異なる形態を示すことを透過型電子顕微鏡による観察により明らかにした[30]).また,3 成分系以上の非対称星型ポリマーのミクロ相分離構造は,構成成分,腕数,組成,トポロジーといった複数の因子によって決まる

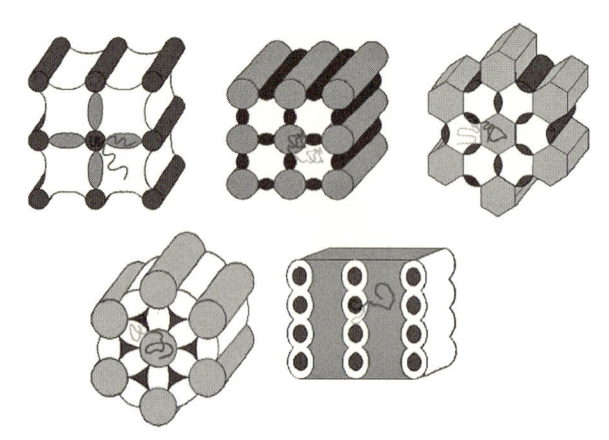

図 3.8 非対称星型ポリマーの特異なミクロ相分離構造.
出典：H. Huckstadt, A. Gopfert and V. Abetz: *Macromol. Chem. Phys.*, **201**, 296(2000).

ため，非常に多様な種類になる．例えば，ポリイソプレン/ポリスチレン/ポリ(メタクリル酸メチル)からなる3本腕 ABC 型非対称星型ポリマーが従来にない hexagonal mesh 型の相分離構造を形成することが報告されている[31]．また Abetz らは，ポリイソプレン/ポリスチレン/ポリ(2-ビニルピリジン)からなる3本腕 ABC 型非対称星型ポリマーの組成比を変化させると，ミクロ相分離形態が大きく変化し，特異な形態を示すことを報告している（図 3.8)[32]．松下らは，3本腕 ABC 型非対称星型ポリマーのモルフォロジーを小角 X 線散乱および透過型電子顕微鏡を用いてさらに詳細に解析しており，3種ポリマーの組成に応じた多岐にわたるミクロ相分離構造の形態を明らかにしている[33]．

3.4 星型構造を含む複雑な分岐ポリマー

本節では，星型ポリマーの構造を含む複雑な分岐様式を有するポリマーを紹介する（図 3.9)．最も単純な例は，1本鎖の両末端を核とし，そこから2本の腕ポリマーに分岐したもので，その形状より H 型ポリマーあるいは π 型ポリマーと呼ばれる．3本以上に分岐したものは super-H 型ポリマー，pompom ポリマー，あるいは star-*block*-linear-

3.4 星型構造を含む複雑な分岐ポリマー

H型ポリマー
π型ポリマー

super-H型ポリマー
pompom ポリマー
star-*block*-linear-*block*-star ポリマー

star-comb ポリマー

dendrimer-like star-branched ポリマー

ポリアセチレン鎖を有する
4本鎖 ABCD 型非対称星型ポリマー

ポリペプチド鎖を有する
4本鎖 A_2BC 型非対称星型ポリマー

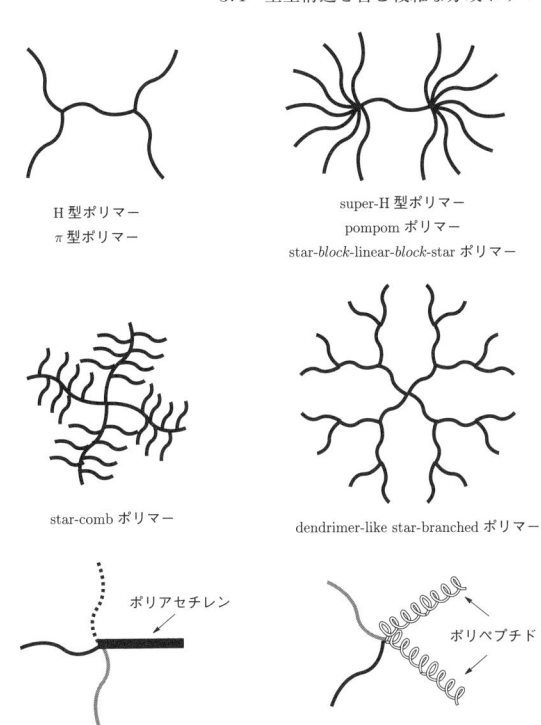

図 3.9 星型構造を含む複雑な分岐ポリマーの分類.

block-star ポリマーと表記される．こうしたポリマーは，星型ポリマーが複数連結した構造体とも見なすことができ，3.2.1 項で述べた停止法を拡張することで合成ができる．星型ポリマーと櫛型ポリマーを組み合わせた star-comb ポリマー[34,35]，星型ポリマーとデンドリマーを組み合わせた dendrimer-like star-branched ポリマー[36-40] も合成されており，合成可能な分岐形状の範囲が広がっている．中でも，dendrimer-like star-branched ポリマーは，最小構成単位が星型ポリマーであるため，モノマーを構成単位とするデンドリマーとは大きさや形状がまったく異なるユニークな分岐ポリマーとして注目を集めている．こ

れらは,リビングラジカル重合を用いて合成された例もあるが,構造の明確なものはリビングアニオン重合を使用したものに限る.3.3.1 項で紹介した「繰り返し法」の概念を拡張することにより,現在分子量が数百万を超える第七世代 dendrimer-like star-branched ポリマーがリビングアニオン重合により合成されている[41,42].昨今,ロッド状の形態や導電性を示すポリアセチレン,らせん状形態や生体機能を示すポリペプチドなどの精密合成が可能になっており,こうした機能性高分子を腕セグメントに有する複雑な非対称星型ポリマーの合成も報告されている[43,44].

引用・参考文献

1) B.J. Bauer and L.J. Fetters: *Rubber. Chem. Technol.*, **51**, 406 (1978).
2) S. Bywater: *Adv. Polym. Sci.*, **30**, 89 (1979).
3) J. Roovers: in "Encyclopedia of Polymer Science and Engineering, 2nd ed.", J.I. Kroschwitz (Ed.), (Wiley-Interscience, 1985), Suppl. Vol.2, p.478.
4) A. Hirao, S. Loykulnant and T. Ishizone: *Prog. Polym. Sci.*, **27**, 1399 (2002).
5) H. L. Hsieh and R. P. Quirk: "Anionic polymerization: Principles and applications", (Marcel Dekker, 1996), p.333.
6) N. Hadjichristidis, H. Iatrou, S. Pispas and M. Pitsikalis: *J. Polym. Sci., Part A: Polym. Chem.*, **38**, 3211 (2000).
7) N. Hadjichristidis, M. Pitsikalis, S. Pispas and H. Iatrou: *Chem. Rev.*, **101**, 3747 (2001).
8) N. Hadjichristidis, H. Iatrou, M. Pitsikalis and J.W. Mays: *Prog. Polym. Sci.*, **31**, 1068 (2006).
9) A. Hirao, M. Hayashi, S. Loykulnant, K. Sugiyama, S.W. Ryu, N. Haraguchi, A. Matsuo and T. Higashihara: *Prog. Polym. Sci.*, **30**, 111 (2005).
10) T. Higashihara, M. Hayashi and A. Hirao: *Prog. Polym. Sci.*, **36**, 323 (2011).
11) A. Hirao, M. Hayashi, T. Higashihara and N. Hadjichristidis: in "Complex Macromolecular Architectures. Synthesis, Characterization, and Self-Assembly", N. Hadjichristidis, A. Hirao, Y. Tezuka and F.D. Prez (Eds.), (Wiley-Interscience, 2011), p.97.
12) J.E.L. Roovers and S. Bywater: *Macromolecules*, **5**, 384 (1972).
13) J.E.L. Roovers and S. Bywater: *Macromolecules*, **7**, 443 (1974).
14) N. Hadjichristidis and L.J Fetters: *Macromolecules*, **13**, 191 (1980).

15) L.L. Zhou, N. Hadjichristidis, P.M. Toporowski and J. Roovers: *Rubber. Chem. Technol.* **65**, 303 (1992).
16) J. Roovers, L.L. Zhou, P.M. Toporowski, M. van der Zwan, H. Iatrou and N. Hadjichristidis: *Macromolecules*, **26**, 4324 (1993).
17) A. Hirao and N. Haraguchi: *Macromolecules*, **35**, 7224 (2002).
18) J.F. Douglas, J. Roovers and K.F. Freed: *Macromolecules*, **23**, 4168 (1990).
19) J. Roovers: in "Star and Hyperbranched Polymers", M.K. Mishra and S. Kobayashi (Eds.), (Marcel Dekker, 1999), p.285.
20) S. Jin, T. Higashihara, K.S. Jin, J. Yoon, Y. Rho, B. Ahn, J. Kim, A. Hirao and M. Ree: *J. Phys. Chem. B*, **114**, 6247 (2010).
21) H. Iatrou and N. Hadjichristidis: *Macromolecules*, **25**, 4649 (1992).
22) H. Iatrou and N. Hadjichristidis: *Macromolecules*, **26**, 2479 (1993).
23) G. Velis and N. Hadjichristidis: *Macromolecules*, **32**, 534 (1999).
24) A. Avgeropoulos, Y. Poulos, N. Hadjichristidis and J. Roovers: *Macromolecules*, **29**, 6076 (1996).
25) T. Fujimoto, H. Zhang, T. Kazama, Y. Isono, H. Hasegawa and T. Hashimoto: *Polymer*, **33**, 2208 (1992).
26) A. Hirao, T. Higashihara and K. Inoue: *Macromolecules*, **41**, 3579 (2008).
27) A. Hirao, M. Hayashi and T. Higashihara: *Macromol. Chem. Phys.*, **202**, 3165 (2001).
28) A. Hirao and T. Higashihara: *Macromolecules*, **35**, 7238 (2002).
29) T. Higashihara, T. Sakurai and A. Hirao: *Macromolecules*, **42**, 6006 (2009).
30) D.J. Rohse and N. Hadjichristidis: *Curr. Opin. Cooloids. Interface Sci.*, **2**, 171 (1997).
31) S. Sioula, N. Hadjichristidis and E.L. Thomas: *Macromolecules*, **31**, 8429 (1998).
32) H. Huckstadt, A. Gopfert and V. Abetz: *Macromol. Chem. Phys.*, **201**, 296 (2000).
33) K. Hayashida, N. Saito, S. Ara, A. Takano, N. Tanaka and Y. Matsushita: *Macromolecules*, **40**, 3695 (2007).
34) M. Schappacher and A. Deffieux: *Macromolecules*, **33**, 7271 (2000).
35) K. Matyjaszewski, S. Qin, J.R. Boyce, D. Shirvanyants and S.S. Sheiko: *Macromolecules*, **36**, 1843 (2003).
36) J.L. Six and Y. Gnanou: *Macromol. Symp.* **95**, 137 (1995).
37) M. Trillsås and J.L. Hedrick: *J. Am. Chem. Soc.*, **120**, 4644 (1998).
38) V. Percec, B. Barboiu, C. Crigoras and T.K. Bera: *J. Am. Chem. Soc.*, **125**, 6503 (2003).
39) I. Chalari and H. Hadjichristidis: *J. Polym. Sci., Part A. Polym.*

Chem., **40**, 1519 (2002).
40) L.R. Hutchings and S.J. Roberts-Bleming: *Macromolecules*, **39**, 2144 (2006).
41) A. Hirao, A. Matsuo and T. Watanabe: *Macromolecules*, **38**, 8701 (2005).
42) A. Hirao and H.S. Yoo: *Polym. J.*, **43**, 2 (2011).
43) Y. Zhao, T. Higashihara, K. Sugiyama and A. Hirao: *J. Am. Chem. Soc.*, **127**, 14158 (2005).
44) A. Karatzas, H. Iatrou, N. Hadjichristidis, K. Inoue, K. Sugiyama and A. Hirao: *Biomacromolecules*, **9**, 2072 (2008).

第 4 章

グラフトポリマー・高分子ブラシの合成

4.1 はじめに

グラフトポリマーは主鎖ポリマーに化学成分の異なる枝ポリマーが結合した一次構造をもつ共重合体と定義できる.このような共重合体は古典的には主にラジカルまたはアニオン重合で合成されてきた.合成の具体例は別書[1])を参照されたいが,単分散な分子量分布をもち,かつ種々化学成分からなる試料の合成は達成されていなかった.一方,ポリマーアロイの相分離または偏析(segregation)の観点から見ると,ジブロック共重合体に比べて偏析の度合いは幾分低いので,臨界ミセル濃度も低くなる.ミセル界面にグラフト結合点が配列されるエントロピー効果を考えると理解できよう.さらに枝ポリマーが増加すると櫛型構造,また主鎖1~2ユニット(0.2~0.4 nm の結合間隔)に枝ポリマーが結合したものは高分子ブラシと呼称される.高分子ブラシは側鎖のセグメント密度が極めて高いため,まず側鎖枝ポリマーが伸びきり,これに引きずられて主鎖も伸びてミミズ状または棒状のナノ構造をとる特殊構造高分子である.いわば満員電車の熱力学を扱っているような材料といえる.満員電車では人は寝ることは許されず,直立不動に立つ状態がエントロピー的には安定に充填されるからである.したがって特殊構造ともいえる高分子ブラシの合成法が理解できれば,グラフトポリマーは簡単に合成できることになる.

4.2 高分子ブラシの合成と物性

高分子ブラシの合成法は図 4.1 に示す3種類に分類できる.

第4章 グラフトポリマー・高分子ブラシの合成

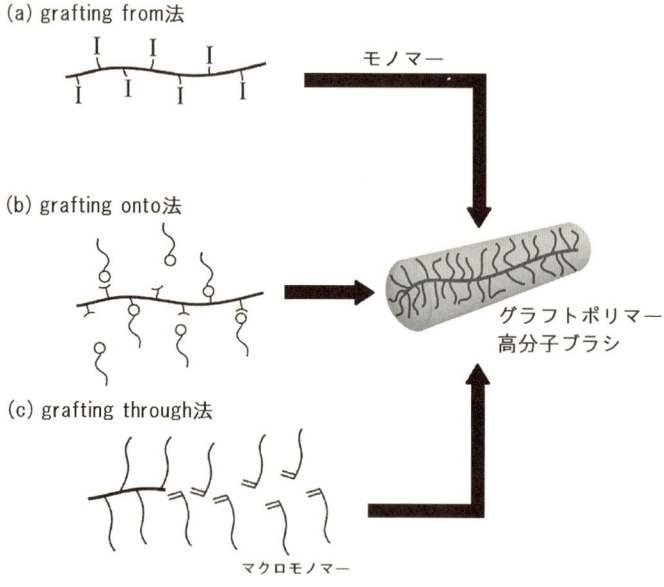

図 4.1 グラフトポリマー・高分子ブラシの合成概念図.

(a) grafting from 法：主鎖に重合開始点を導入し，そこからモノマーを重合させる方法.

(b) grafting onto 法：側鎖ポリマーをあらかじめ合成しておき主鎖と結合させる方法.

(c) grafting through 法：末端に重合可能な官能基をもつマクロモノマーを重合させる方法.

それぞれの重合方法の特徴は以下のようになろう.

(a) grafting from 法：立体障害の影響が少なく側鎖を密に重合させることが可能であるが，枝ポリマーの分子量を揃えることが一般には困難であった．しかし近年のリビングラジカル重合の発展により，枝ポリマーの分子量分布も制御可能となっている.

(b) grafting onto 法：主鎖および側鎖の分子量の揃ったポリマーの合成はできるものの，立体障害の影響が大きく側鎖の分岐密度を高くすることが課題となる.

(a) double-cylinder 型高分子ブラシ

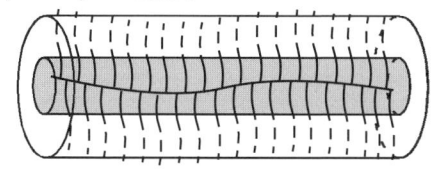

(b) proto 型高分子ブラシ

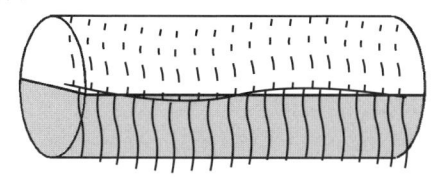

(c) block 型高分子ブラシ

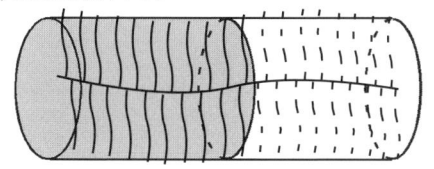

図 **4.2** 2 成分系高分子ブラシの分類模式図.

（c）grafting through 法：リビング重合を併用することで側鎖分子量を揃えることは簡単にできるが，主鎖の重合度を大きくすることとその分布を揃えることが困難である．しかし重合の仕込み条件と分子量分別の操作を加えることで精密な構造試料の調製が可能となる．

材料としての応用展開を考えると多成分系高分子ブラシがナノ構造材料として有望であり，本章では 2 成分系高分子ブラシ（図 **4.2** の模式図に示す 3 タイプの分子構造に分類できる）[2] の最近の合成方法について述べる．

4.2.1 double-cylinder 型高分子ブラシの合成

図 4.2(a) に示す double-cylinder 型（コア-シェル型とも呼ばれる）高分子ブラシはブロック共重合体の棒状凝集構造の棒部を橋かけ永久固

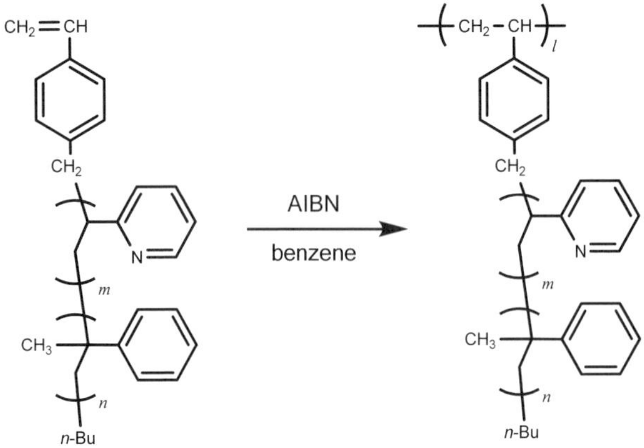

図 4.3 double-cylinder 型高分子ブラシの合成反応式(grafting through 法).

定する方法[3, 4]や選択溶媒で外部シリンダー部のみ溶解する方法[5]が合成法としては簡単である.しかし,この合成手段では軸比を任意に制御することは不可能である.この欠点を克服するには,図 **4.3** に示すジブロックマクロモノマーをラジカル単独重合する方法が簡便である[6].まずアニオン重合により n-ブチルリチウム(n-BuLi)を開始剤として,α-メチルスチレン(MS)と 2-ビニルピリジン(2VP)を逐次成長させ,末端アニオンを p-クロロメチルスチレン(CMS)で停止してマクロモノマーを合成する.ビニル基濃度を 0.16 mol/L 以上に設定してラジカル重合した後,ベンゼン-メタノール系で沈殿分別し分子量分布を狭くし,内部シリンダーがポリ(2-ビニルピリジン)(P2VP)で外部シリンダーがポリ(α-メチルスチレン)(PMS)からなる double-cylinder 型高分子ブラシが合成された.

これらの希薄溶液物性を検討することにより高分子ブラシの分子鎖形態や溶液挙動を理解することができる.図 **4.4** に動的光散乱(DLS)測定によるみかけの拡散係数 $D(C)$ の角度依存性($\Gamma_e q^{-2}$ vs q, $qR_h < 1$)を示す($D = \Gamma_e q^{-2}_{\theta \to 0}$,$\theta$:散乱角,$q$: 散乱ベクトル,$\Gamma_e$: the first cummulant,$R_h$: 流体力学的半径).MSV1(数平均分子量 M_n = 2700,P2VP 23 mol%),MSV3(M_n=2900, P2VP 33 mol%),MSV4(M_n

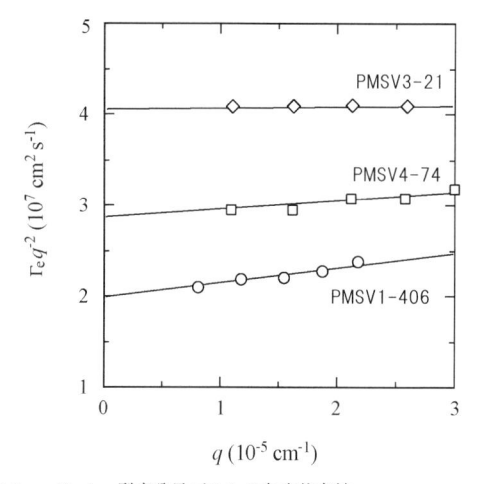

図 4.4 double-cylinder 型高分子ブラシの角度依存性.
出典：K. Tsubaki and K. Ishizu: *Polymer*, **42**, 8387 (2001).

= 7100, P2VP 25 mol%) はマクロモノマーコードを，また末尾の添数字は重合度（DP_n）を表している．PMSV1-406 試料のように軸比の長い高分子ブラシでは強い角度依存性が現れ，シリンダー状の分子鎖形態をとることがわかる．また軸比の比較的短い試料 PMSV4-74 では弱いながらも角度依存性が現れ，楕円体類似の形態をとることが示唆される．PMSV3-21 のような軸比の極めて短い高分子ブラシでは角度依存せず，スターまたはディスク構造の double-cylinder 型高分子ブラシといえる．

図 4.5 は $D(C)$ の濃度依存性を示したものであり，いずれの高分子ブラシ試料も測定濃度範囲では $D(C)$ が一定の値を示しており，double-cylinder 型高分子ブラシが単分子で溶液中存在することがわかる．慣性半径（R_g）からシリンダーの長さ，また有効断面半径（$R_{g,c}$: 極めて小さい値なので小角 X 線散乱 SAXS の Guinier プロットから算出）からシリンダーの半径がそれぞれ算出できる[7]．高分子ブラシは原子間力顕微鏡（AFM）で直接観察できるので，溶液物性から求まる物性値と併用することでナノ構造体の解析が可能となる．

さて double-cylinder 型高分子ブラシの新素材への応用例を挙げる．

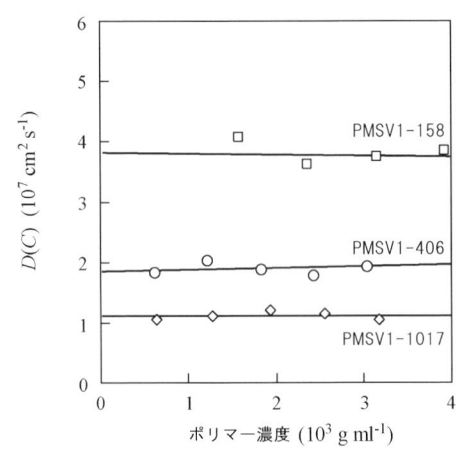

図 4.5 double-cylinder 型高分子ブラシの拡散係数とポリマー濃度の関係.
出典:K. Tsubaki and K. Ishizu: *Polymer*, **42**,8387 (2001).

図 4.6 は分子電線作製の模式図を示したものである[8]. double-cylinder 型高分子ブラシを酸化剤 $CuCl_2$ 水溶液に浸漬させ,内部 P2VP 部に Cu^{2+} イオンをピリジン部と 4 配位キレート化させる.次いでピロール蒸気に晒し,酸化重合により P2VP 部にポリピロールの連続相を形成させる.このように内部シリンダーが導電層かつ外部 PMS シリンダーを絶縁層としたナノ分子電線が簡単に作製できている.

1980 年代に入りリビングラジカル重合が開発され,高分子ブラシの強力な合成手段となってきた.ここでリビングラジカル重合の重合機構を説明しておく.一般式 (4.1) で表されるように,成長種は活性状態と非活性状態を交互に繰り返すものの,全重合過程を通じてその潜在的活性を保持する.

$$\text{P-X} \underset{k_{\text{deact}}}{\overset{k_{\text{act}}}{\rightleftarrows}} \text{P} \cdot \overset{k_{\text{p}}}{\underset{\text{monomer}}{\circlearrowright}} + \text{X} \cdot \tag{4.1}$$

ここで k_{act}, k_{deact}, k_{p} はそれぞれ活性化,非活性化および成長反応の

4.2 高分子ブラシの合成と物性

```
—— PMSシリンダー

double cylinder型高分子ブラシ

—— P2VPシリンダー
```

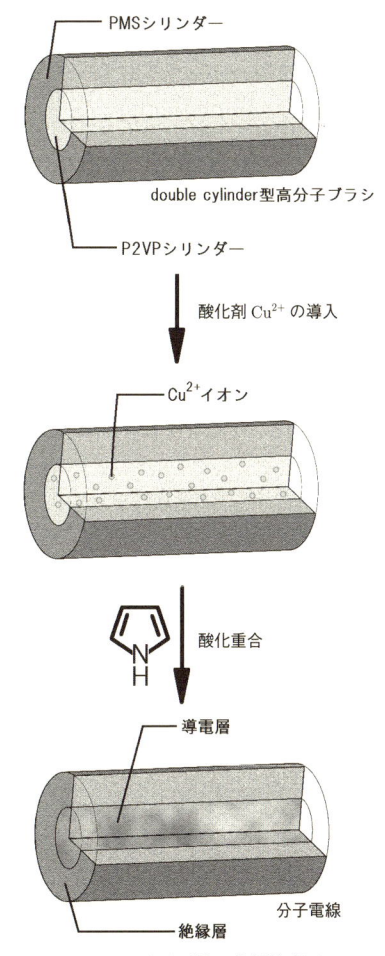

↓ 酸化剤 Cu^{2+} の導入

Cu^{2+} イオン

↓ 酸化重合

導電層

分子電線

絶縁層

図 **4.6** 分子電線の作製模式図.

速度定数である.非活性種(ドーマント種)P-X は熱や光などの物理的刺激や,遷移金属などによる化学的刺激によって活性化され活性種(成長ラジカル)P・ へと導かれる.また P・ はモノマーへの付加反応と相対抗して保護基 (X・) により P-X へと変換される.保護基としてイオウ化合物,安定ニトロキシルラジカル,ハロゲン原子,コバルト

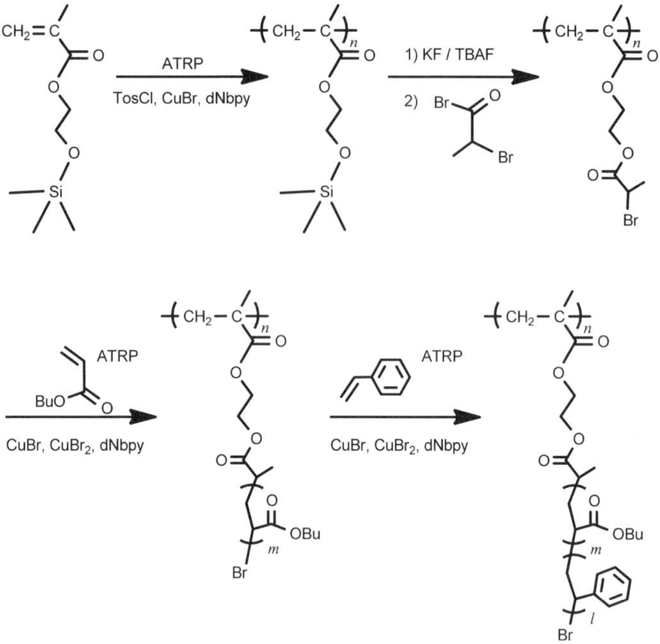

図 4.7 ATRP 法による double-cylinder 型高分子ブラシの合成反応式（grafting from 法）.
出典：H.G. Bomer, K. Beers, K. Matyjaszewski and S.S. Sheiko, M. Möller: *Macromolecules*, **34**, 4375 (2001).

錯体などが知られている．以下の3つの条件：
(1) 活性種のドーマント種に対する相対濃度が充分低い
(2) ドーマント種と活性種が可逆的に変化する
(3) ドーマント種と活性種の交換頻度が高い

が達成されれば生成高分子の分子量分布は理想的なリビング重合系に近づくことになる．

Matyjaszewski ら[9] は atom transfer radical polymerization (ATRP) なるリビングラジカル重合 (grafting from 法) を用いて double-cylinder 型高分子ブラシを合成している．図 4.7 の反応式に示すように主鎖ポリマーに poly(2-hydroxyethyl methacrylate)

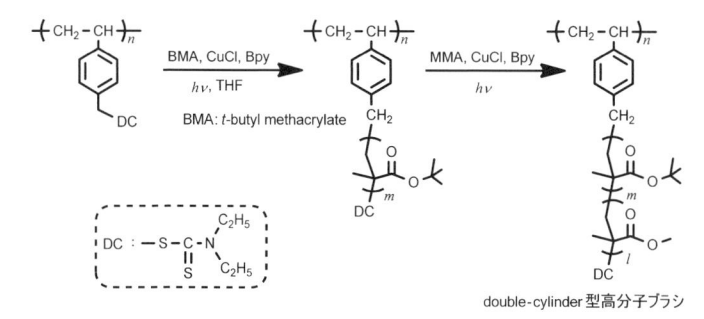

図 4.8 光誘起 ATRP 法による double-cylinder 型高分子ブラシの合成反応式 (grafting from 法).
出典:K. Ishizu and H. Kakinuma: *J. Polym. Sci., Part A: Polym. Chem.*, **43**, 63 (2005).

(PHEMA) を用いて,その側鎖 1 級水酸基を 2-bromopropionyl bromide と反応させ 2 級ブロム基を導入し,これを開始点としてブロック鎖を成長させている.

また Ishizu ら[10] は,図 4.8 の反応式で示すように主鎖ポリマー poly(4-vinylbenzyl *N*, *N*-diethyldithiocarbamate) (PVBDC) の側鎖 dithiocarbamate (DC) 基からの光誘起 ATRP 法 (grafting from 法) でメタクリル酸エステル類を成長させ double-cylinder 型高分子ブラシを合成している.これらの grafting from 法では側鎖の 70〜80% 程度がグラフト点として開始することもわかっている.

また ATRP 法でラジカル重合した成長末端のハロゲンを種々の試薬で修飾することでビニル基などの官能基[11, 12]を導入したり,両末端に水酸基とブロム基をもつラジカル開始剤を合成して ATRP 法による重合の後,末端ハロゲンを連鎖移動剤(水素化トリブチルスズ)で還元し水素に不活性化させ,残る末端水酸基を methacryloyl chloride と反応させてビニル基を導入するなど[13],ATRP 法で種々の化学成分からなるマクロモノマーの合成も可能になっている.

4.2.2 proto 型高分子ブラシの合成

図 4.2(b) に示した proto 型高分子ブラシは,ビニルベンジル型ポリ

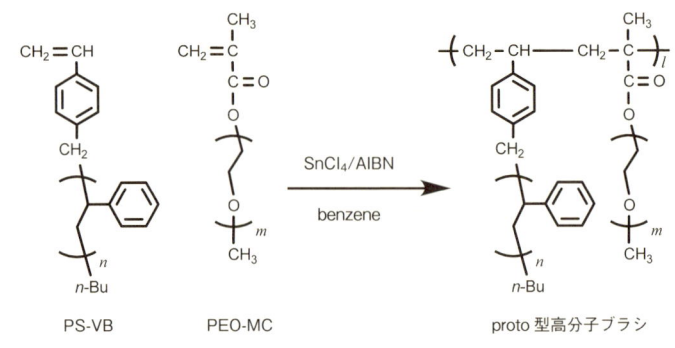

図 4.9 proto 型高分子ブラシの共重合反応式.

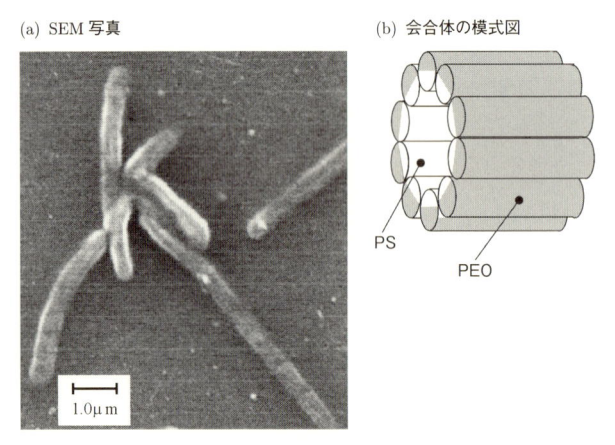

(a) SEM 写真

(b) 会合体の模式図

図 4.10 proto 型高分子ブラシの巨大会合体.
出典:K. Tsubaki, K. Kobayashi, J. Satoh and K. Ishizu: *J. Colloid Interface Sci.*, **241**, 275 (2001).

スチレン(PS-VB)およびメタクリロイル型ポリエチレンオキシド(PEO-MC)マクロモノマー間のラジカル共重合をルイス酸($SnCl_4$)添加下で交互共重合することで合成できる(図 **4.9**)[14]. これは MC 基と $SnCl_4$ がまず錯体を形成し,これが VB 基とアクセプター/ドナーの関係で 1:1 の錯体を形成した結果,1:1 錯体を単独重合形式で進行したと説明できる.

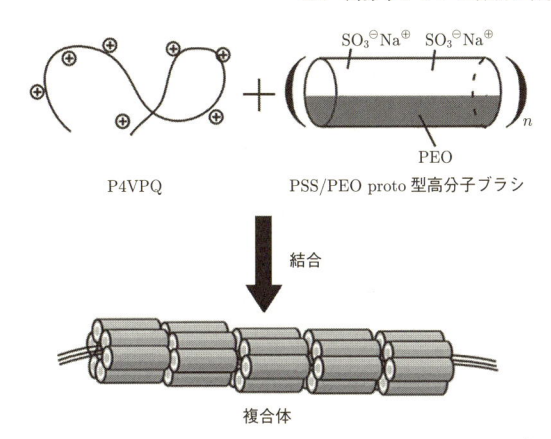

図 **4.11** PSS/PEO proto 型高分子ブラシと P4VPQ との静電相互作用による結合過程の模式図.
出典：K. Ishizu, K. Toyoda, T. Furukawa and A. Sogabe: *Macromolecules*, **37**, 3954 (2004).

次いで合成した proto 型高分子ブラシの希薄溶液特性と両親媒性物質であることを考慮した水媒体中での会合挙動が検討された[15, 16]. 拡散係数の角度依存性から double-cylinder 型高分子ブラシと同様に, 軸比が増加するにつれスター・楕円体構造からシリンダーへと分子鎖形態が変化する. また $D(C)$ とポリマー濃度のプロットから, これまた単分子のナノ構造体であることも明らかにされている. proto 型高分子ブラシは水溶液中で図 4.2(b) に示す親水性の PEO ドメインと疎水性の PS ドメインが相分離した構造をとると推定できる. この推定が妥当とすると, このタイプの高分子ブラシは水溶液中で疎水性 PS ドメインが分子間で会合した巨大な構造体を形成することが予測される (図 **4.10**(b)). 図 4.10(a) は proto 型高分子ブラシ (直径 10 nm, 長さ 100 nm) の会合体の走査型電子顕微鏡 (SEM) 写真を示したもので, 巨大なロッド (半径 240 nm, 長さ 4μm) が形成されたことがわかる. これは図 4.10(b) に示すような単純な会合体ではなく多重層からなる「onion-like」のロッドと考えられている.

さらに PS ドメインをスルホン化 (PSS) し, アニオン性の荷電をもたせた PSS/PEO proto 型高分子ブラシとカチオン性高分子電解質 [4

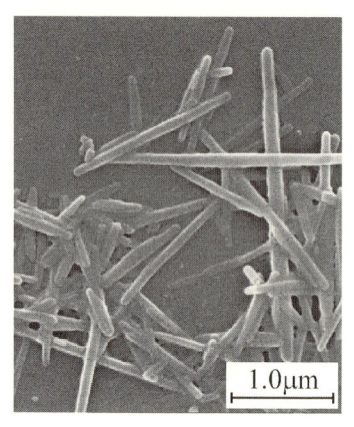

図 4.12 生成複合体の SEM 写真.
　　　　出典：K. Ishizu, K. Toyoda, T. Furukawa and A. Sogabe: *Macromolecules*, **37**, 3954 (2004).

級化ポリ (4-ビニルピリジン)：P4VPQ] との水中での相互作用を検討した結果[17]，直鎖状電解質を被覆した複合体の生成（図 4.11 の模式図と図 4.12 の複合体 SEM 写真を参照）が見いだされ，「ナノ化粧品」への応用展開も進められている.

　また PEO/ポリプロピレンオキシド（PPO）の proto 型高分子ブラシも合成されている[16]．この会合挙動は上述した PSS/PEO タイプと少々異なり，比較的短い均一なロッドをまず形成する．さらに濃度を上げると，これらのロッドが雪の結晶に類似したカスケード構造を構築する．疎水性相互作用の度合いの違いにより，超分子にみられる階層的構造成長が発現されるところが面白い.

　一方，新しい合成法としてビニルベンジル型マクロモノマーと官能性マレイミドの交互共重合でまず櫛型ポリマーを合成し，次いでマレイミド部位から ATRP 法で種々のビニルモノマーをグラフトし，proto 型高分子ブラシを合成するという一般合成法も確立されている[18]．また親水/疎水のデンドロンからなるマクロモノマーを Suzuki-type の重縮合をしても proto 型高分子は合成できるが[19]，その重合度は大きくならない.

このような proto 型高分子ブラシがランダムミキシング可能な良溶媒中でも1分子内で相分離した分子構造をとるのか興味あるところである．PSS/PEO proto 型高分子ブラシの N,N-dimethylformamide (DMF) およびスチレン溶媒中での R_g と SAXS から求めた $R_\mathrm{g,c}$ の研究結果より[20] 分子鎖形態の情報が明らかにされている．スチレン中での $R_\mathrm{g,c}$ は DMF 中での値より小さくなり，溶媒のスチレンが PS ブラシドメインの電子密度を相殺したため，見かけのシリンダー半径が小さい値を示したと説明できる．面白いことにランダムにグラフトした高分子ブラシでも同様の結果が示唆され，交互共重合しなくても分子内相分離していることが明らかにされた．成分の異なる他の proto 型高分子ブラシでも同様の結果が得られ[21]，これは普遍的現象と結論された．

4.2.3 block 型高分子ブラシの合成

図 4.2(c) に示した block 型高分子ブラシの合成設計が一番複雑である．図 **4.13** に合成スキームを示す[22]．まず PEO-MC(1) マクロモノマーを 2-bromopropionic acid methyl ester を開始剤に CuCl/2,2'-bipyridyl (Bpy) 添加系で ATRP 法により PEO ブラシマクロイニシエータ (2) を合成する．次いで HEMA を末端から鎖延長し PEO brush-*block*-PHEMA(3) のブラシ-コイルを調製する．さらに BIB で HEMA 部をエステル化し3級ハロゲン化アルキルに変換する．このポリイニシエータ (4) から grafting from 法で HEMA を伸ばし block 型高分子ブラシ (5) を合成設計している．

ここで合成した block 型高分子ブラシは軸比が短いものであり，溶液特性の解析より Janus 型のナノ構造体をとることが示唆された．また ATRP 法を開発した Matyjaszewski[23] も類似の合成ルートで poly(octadecyl methacrylate)/poly(*n*-butyl acrylate)block 型高分子ブラシを合成している．

grafting onto 法についても簡単に述べておく．例えば主鎖の側鎖官能基クロロメチル基やエステル基とリビングポリマーアニオン末端とのカップリング反応[24, 25]，また P4VP と長鎖アルキルフェノールとの水素結合によるカップリング[26, 27] が挙げられる．この合成法で調製

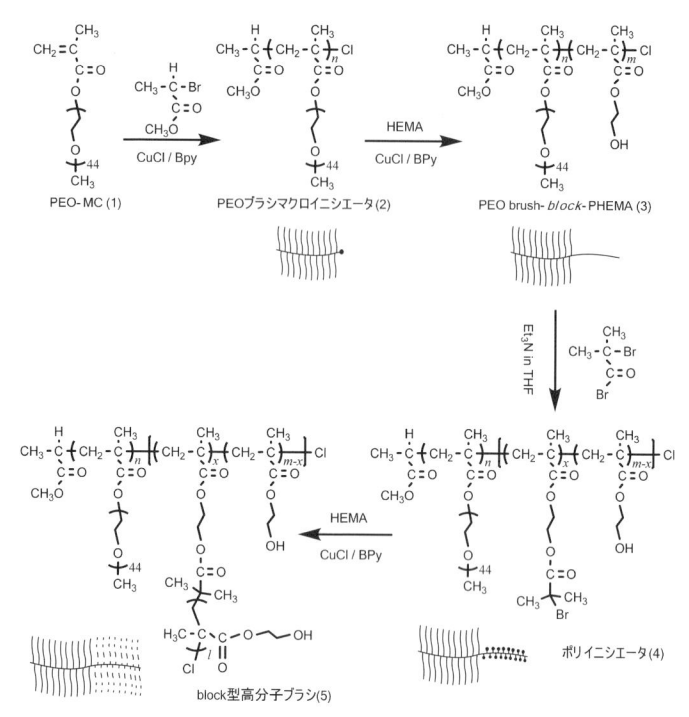

図 4.13 block 型高分子ブラシの合成反応式（grafting through/grafting from 法）．

された試料は狭い分子量分布は保証されるものの，側鎖ポリマーの主鎖官能基遮蔽のためグラフト率が制限されるという高分子反応の特徴も熟知しておく必要がある．

4.3 おわりに

シリカなどの無機微粒子の表面に重合開始基を導入，また乳化重合で合成したラテックス微粒子を重合開始基を含むポリマー層で被覆（encapsulation）した後，これら表面よりリビングラジカル重合の grafting from 法で多数のグラフト鎖を成長させた複合微粒子も高分子ブラシと呼ばれることがある．このタイプの高分子ブラシはグラフト界面の

曲率が異なる構造ともいえ，合成法については最近の文献を参照されたい[28]．これらの応用研究として興味ある一例を挙げると，直径200〜300 nmの高分子ブラシ構造の微粒子は溶媒蒸発法により面心立方格子（FCC）の充塡構造をとり青〜赤の構造色を発現する．このブラシ部のグラフト鎖を化学結合で永久固定したフィルムの反射スペクトルの解析から，構造色の発現はFCCポリマー球と空隙からなるアロイのBragg反射に起因される現象であることが明らかにされている[29-31]．グラフトポリマーの合成技術はポリマーアロイへの応用のみならず表面改質，接着，さらにはナノ構造を生かした新物性材料など幅広い分野へ展開できるものである．

引用・参考文献

1) 筏義人：「新実験化学講座19 高分子化学 [I]」, 日本化学会（編），（丸善, 1975），p.185.
2) K. Ishizu: *Polym. J.,* **36**, 775 (2004).
3) K. Ishizu, T. Ikemoto and A. Ichimura: *Polymer*, **40**, 3147 (1999).
4) K. Ishizu, T. Hosokawa and T. Tsubaki: *Eur. Polym. J.,* **36**, 1333 (2000).
5) G.A. van Ekenstein, E. Polushkin, H. Nijland, O. Ikkala and G. ten Brinke: *Macromolecules,* **36**, 3684 (2003).
6) K. Tsubaki and K. Ishizu: *Polymer,* **42**, 8387 (2001).
7) K. Ishizu, K. Toyoda, T. Furukawa and A. Sogabe: *Macromolecules,* **37**, 3954 (2004).
8) K. Ishizu, K. Tsubaki and S. Uchida: *Macromolecules*, **36**, 10193 (2002).
9) H.G. Bomer, K. Beers, K. Matyjaszewski and S.S. Sheiko, M. Möller: *Macromolecules*, **34**, 4375 (2001).
10) K. Ishizu and H. Kakinuma: *J. Polym. Sci., Part A: Polym. Chem.,* **43**, 63 (2005).
11) V. Coessens, J. Pyun, P.J. Miller, S.G. Gaynor and K. Matyjaszewski: *Macromol. Rapid Commun.,* **21**, 103 (2000).
12) A. Muehlebach and F. Rime: *J. Polym. Sci., Part A: Polym. Chem.* **41**, 3425 (2003).
13) S. Uchida, N. Okamoto and K. Ishizu: *Macromol. Chem. Phys.,* 投稿中．
14) K. Ishizu, X.X. Shen and K. Tsubaki: *Polymer*, **41**, 2053 (2000).

15) K. Tsubaki, K. Kobayashi, J. Satoh and K. Ishizu: *J. Colloid Interface Sci.*, **241**, 275 (2001).
16) K. Ishizu, N. Sawada, J. Satoh and A. Sogabe: *J. Mater. Sci. Lett.*, **22**, 1219 (2003).
17) K. Ishizu, K. Toyoda, T. Furukawa and A. Sogabe: *Macromolecules*, **37**, 3954 (2004).
18) K. Ishizu and H. Yamada: *Macromolecules*, **40**, 3056 (2007).
19) A.D. Schlütter and J.P. Rabe: *Angew. Chem. Int. Ed.*, **39**, 864 (2000).
20) K. Ishizu, N. Okamoto, T. Murakami, S. Uchida and S. Nojima: *Macromol. Chem. Phys.*, **210**, 1717 (2009).
21) K. Ishizu, Y. Furuta, S. Nojima and S. Uchida: *J. Appl. Polym. Sci.*, **116**, 2298 (2010).
22) K. Ishizu, J. Satoh and A. Sogabe: *J. Colloid Interface Sci.*, **274**, 472 (2004).
23) S. Qin, K. Matyjaszewski, H. Xu and S.S. Sheiko: *Macromolecules*, **36**, 605 (2003).
24) K. Ishizu, T. Fukutomi and T. Kakurai: *Polym. J.*, **7**, 228 (1975).
25) N. Hadjichristidis, M. Pistikalis, H. Iatrou and S. Pispas: *Macromol. Rapid Commun.*, **24**, 979 (2003).
26) J. Roukolainen, M. Torkkeli, R. Serimaa, B.E. Komanscheki, G. ten Brinke and O. Ikkala: *Macromolecules*, **30**, 2002 (1997).
27) J. Roukolainen, J. Tanner, O. Ikkala, G. ten Brinke and E.L. Thomas: *Macromolecules*, **31**, 3532 (1998).
28) K. Ishizu and D.H. Lee: in "Advanced Polymer Nanoparticles: Synthesis and Surface Modifications", V. Mittal (Ed.), (Taylor and Francis, 2010), p.227.
29) D.H. Lee, Y. Tokuno, S. Uchida, M. Ozawa and K. Ishizu: *J. Collid Interface Sci.*, **340**, 27 (2009).
30) K. Ishizu, I. Amir, N. Okamoto, S. Uchida, M. Ozawa and H. Chen: *J. Colloid Interface Sci.*, **353**, 69 (2011).
31) Y.-Y. Liu, H. Chen and K. Ishizu: *Langmuir*, **27**, 1168 (2011).

第 5 章

環状高分子の合成

5.1 はじめに

　直鎖状，分岐状および環状など高分子の様々な幾何学的形態（かたち）は，末端および分岐の構造を示すパラメータによって表記・分類することができる．例えば直鎖状高分子は末端数 $= 2$，分岐点数 $= 0$ となり，腕鎖が n 本のスターポリマーは末端数 $= n$，分岐点数 $= 1$，H型ポリマーでは末端数 $= 4$，分岐点数 $= 2$ となる．このように分岐高分子では，末端数および分岐点数の増加が構造の高次化に対応する．これとは対照的に，単環状高分子は幾何学的な視点では最も単純な「かたち」の末端数 $= 0$，分岐点数 $= 0$ となる．高分子科学で直鎖状高分子が最も基本的な「かたち」とされるのは，高分子合成プロセスがモノマーの一次元的成長に基づくことを反映しているためである．また多環・含環状高分子では，末端数および分岐点数を増加させることなく多

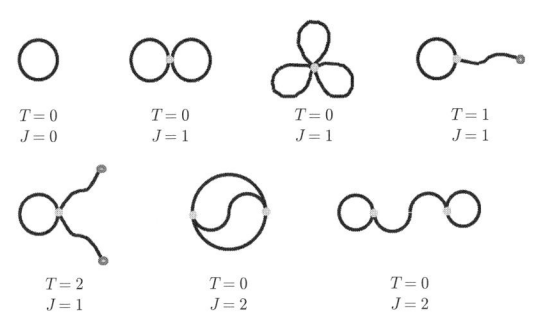

図 5.1　含環状高分子トポロジーとその末端数（T）および分岐点数（J）．

様な「かたち」が構成される（図 5.1）．本章では，単環状高分子の効率的合成を実現する高分子合成プロセス，さらに多環状トポロジー高分子の合成法に関する新たな展開を紹介する．

5.2 単環状高分子の合成

単環状高分子（リングポリマー）は，直鎖・分岐状高分子とは対照的な末端の欠如に起因する種々のユニークな静的および動的高分子特性（流体力学的体積，ガラス転移，絡み合い，拡散挙動，非レプテーション型（またはアメーバ型）ダイナミクス等）を発現する．単環状高分子の合成には，以下に示す環拡大重合法，直鎖状高分子の末端連結法のいずれかを用いるが，両プロセスともに最近の進展は目覚ましい．

5.2.1 環拡大重合法

環状構造開始剤にモノマーを逐次挿入反応する環拡大重合法は，直鎖状高分子の末端連結法では不可欠な希釈下での反応を回避できる環状高分子合成法となる．しかし通常の環拡大重合法では，開始剤の構造単位が内部に保持されたまま環状高分子の生長反応が進行するため，安定な最終生成物としてモノマーおよび連結構造単位のみで構成される環状高分子を得ることは困難とされてきた．

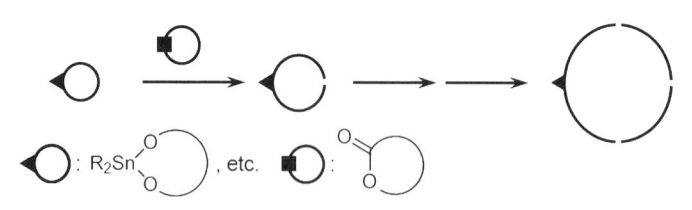

図 5.2 環拡大重合法による環状高分子の合成．

しかし最近，開始剤由来の構造単位を除くことのできる環状高分子合成法が開発された．環状スルフィド（チイラン）類モノマーの環状チオエステルへの挿入反応と分子間エステル交換反応を利用した環拡大重合法により，安定な構造単位の環状高分子が得られた．また，メタセシス開環重合開始剤（触媒）として環状配位子を有するルテニウム錯体を

用いるシクロオクテンや1,5-シクロオクタジエンなどの環状オレフィンの開環重合では,モノマーの挿入反応と触媒配位子への連鎖移動反応によって,開始剤(触媒)構造単位を含まない環状ポリシクロオクテン(環状ポリエチレンにも誘導できる)や環状ポリブタジエンが合成された.

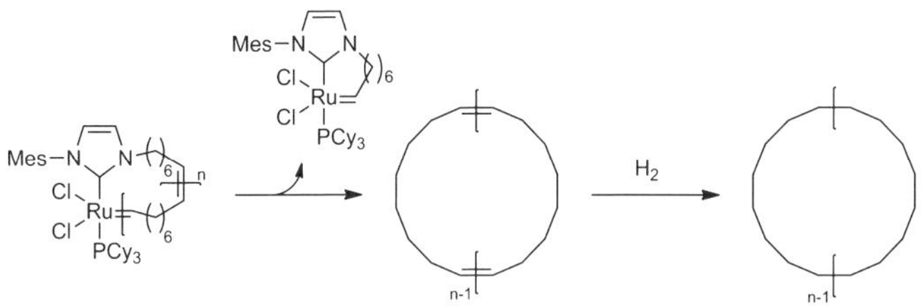

図 5.3 メタセシス触媒を用いる環拡大重合法による環状高分子の合成.

さらに,含窒素ヘテロ環カルベンを開始剤とするラクトン,ラクチド類の開環・環拡大重合法では,リビング的な成長反応に引き続き双性イオン型の成長種の脱離・閉環反応が進行し,分子量分布の狭い環状ポリエステル,環状ポリラクチドが生成した.この成果は,環拡大重合法で分子量分布制御を達成したものとして評価される.

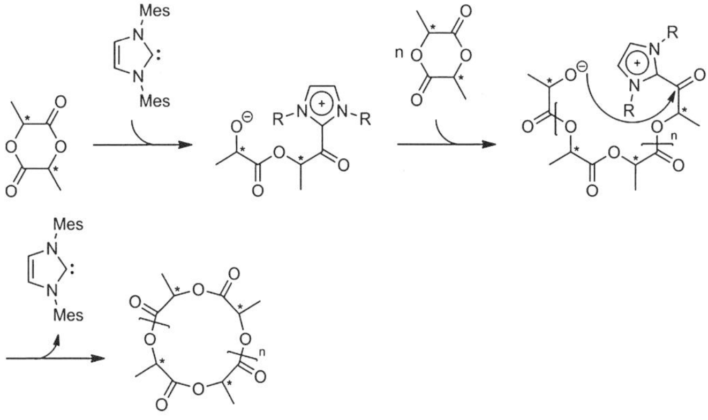

図 5.4 ヘテロ環カルベンを用いる環拡大重合法による環状高分子の合成.

5.2.2 直鎖状高分子前駆体の末端連結反応

単環状高分子の直接的・古典的な合成手法として，両末端に反応性基を有する直鎖状高分子（テレケリクス）を等モル量の相補的な二官能性カップリング剤によって連結する2分子環化反応が知られている．

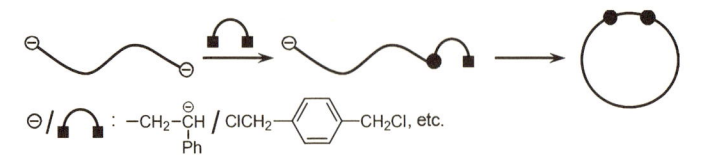

図 5.5 テレケリクスとカップリング剤の2分子末端連結反応による環状高分子の合成．

しかし，この手法では高分子テレケリクスと低分子カップリング剤の精確な等モル条件が必要とされ，また高分子間の鎖延長反応を抑制するための高希釈条件とこれに伴う2分子反応での速度論的制約，さらにテレケリクスとカップリング剤のランダム結合による反応選択性の低下，などのため収率の低下が避けられず，環状高分子合成プロセスとしての実用性は低かった．

これらの課題を克服する1分子環化法による環状高分子合成プロセスの開発が進められた．同種または相補的な反応性末端基を導入したテレケリクスをまず合成し，希釈下で末端基どうしを分子内反応させて連結する非対称テレケリクスの1分子環化法では，保護・脱保護のプロセスを含む多段階の合成プロセスが制約となっていたが，最近の有機合成化学の成果をふまえた高分子環化収率の向上が図られた．

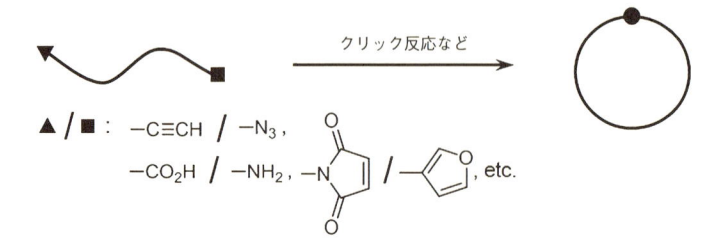

図 5.6 非対称テレケリクスの1分子末端連結反応による環状高分子の合成．

例えば，両末端にそれぞれアミノ基およびカルボキシル基を有する非

対称テレケリクスの希釈下での分子内アミド化反応によって環状ポリスチレンや環状ポリアクリル酸が合成された．またアルキン基およびアジド基をそれぞれ両末端に導入したポリスチレン前駆体（非対称テレケリクス）による，クリック（アルキン-アジド付加）反応を適用した効率的高分子環化反応が実現した．クリック反応による高分子環化反応では，末端基の保護・脱保護が必要とされず，金属触媒の添加によって末端基間の連結反応が促進される．この環化プロセスは環状ポリアクリルアミド誘導体の合成にも適用され，相転移に対するトポロジー効果の検証が行われた．

さらに，対称テレケリクスの同一オレフィン末端基のメタセシス縮合反応を利用するメタセシス高分子環化（MPC）が導入された．オレフィン基を両末端に導入したポリエーテル，ポリスチレン，ポリアクリル酸エステル等の直鎖状対称テレケリクスの分子内縮合反応であるMPCは，希釈下でも効率的に進行し，対応する単環状高分子が合成された．

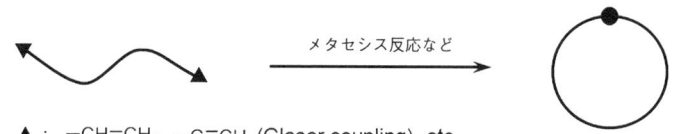

▲：−CH=CH₂, −C≡CH (Glaser coupling), etc.

図 5.7 対称テレケリクスの 1 分子末端連結反応による環状高分子の合成．

さらに，環状ブロック共重合体の実用的な合成法としても用いられた．このMPCプロセスでは，末端基の保護・脱保護が必要とされず，また末端基が同一オレフィン基であることから各種リビングポリマー等の末端修飾によって容易に導入可能であり，高い実用性が期待される．さらにMPC法を用いて，異種化学構造を完全に排除したモノマー単位のみで構成される単分散環状高分子（defect-free ring）の合成，および結晶化挙動に対する環状高分子トポロジー効果の検証も行われた．

環拡大重合法と高分子環化を組み合わせた環状高分子合成プロセスも開発された．環状のスズ化合物を開始剤とするカプロラクトンのリビング開環重合では，環拡大成長反応によって反応性の高いスズ-酸素結合を環構造内部に保持した生成物が得られる．そこで，この開始剤由来の

スズ–酸素結合を含む環拡大重合生成物の成長末端に光架橋性モノマーをブロック状に数ユニット導入し，次いで希釈下で光照射して架橋による環化を行った後，開始剤スズ単位を取り除くことにより安定な構造単位で構成される環状高分子が合成された．

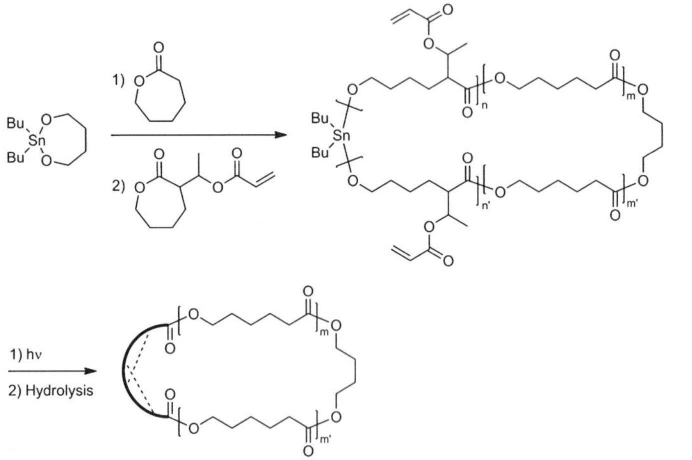

図 5.8 環拡大重合法と末端基連結法を組み合わせた環状高分子の合成．

この手法を用いると，高分子前駆体の末端基連結法では困難な高分子量環状ポリマーを収率よく合成できる．そこで高分子量の環状ポリビニルエーテル誘導体の合成に応用した後，ポリスチレンをグラフト反応させ，AFMによって視覚的に観測できる環状高分子ナノオブジェクトが作製された．この成果は，DNA等の生体高分子だけでなく多様な合成高分子によっても環状・多環状高分子トポロジー構造が構築できることを実証したものとして評価される．

高分子前駆体の末端基連結法で求められる精確な当モル性を保持し，さらに希釈下での反応効率の向上を図る環状高分子合成プロセスとして，直鎖状および分岐状高分子の末端に導入したイオン性官能基（適度な環ひずみのある環状アンモニウム塩基）による静電相互作用を自己組織化の駆動力として利用して「仮止め」された超分子構造を形成し，さらにこれを共有結合・固定化する新たな反応プロセス（electrostatic

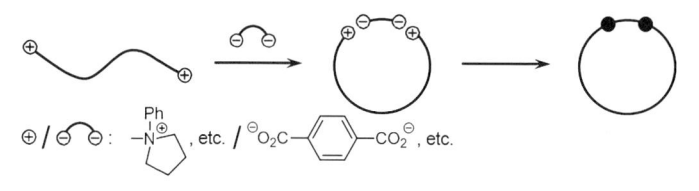

図 5.9 ESA-CF 法による環状高分子の合成.

self-assembly and covalent fixation: ESA-CF 法）も開発された.

　種々の高分子主鎖成分をリビング重合法によって選択できる，これら環状アンモニウム塩末端テレケリクスでは，有機溶媒中で末端基間および他のイオン性基との静電相互作用によって末端基の局所的濃度を増大させ，さらに，環状オニウム塩末端基の対アニオン交換反応によって求核反応性の高い対アニオン種を導入し必要に応じて加熱すると，定量的な開環反応が進行しイオン対を共有結合に変換することができる．このテレケリクス末端基の特異な反応性によって高効率高分子環化反応が可能になった．特に，N-フェニルピロリジニウム（五員環アンモニウム）塩を末端基とするテレケリクスは，カルボン酸対アニオンを導入して加熱すると，選択的な環内（$endo$ 位）炭素への求核攻撃による開環反応で共有結合化したアミノエステル基が生成する．また，環ひずみのない N-フェニルピペリジニウム（六員環アンモニウム）塩型テレケリクスでは，カルボン酸対アニオンが環外（exo 位）炭素を優先的に攻撃し，環状アミンの脱離反応が生じる．したがって，アミノエステル結合と比べ保存安定性に優れた単純エステル結合への共有結合変換も可能になる（図 5.10）．

　実際，N-フェニルピロリジニウム塩を末端基とする直鎖状テレケリクスにビフェニルジカルボン酸対アニオンを導入し，1 g/L 程度の希釈下で加熱すると，五員環アンモニウム塩基の定量的な開環反応が進行し，高収率で単環状高分子が得られる．さらに，ビニル基や水酸基，アリル基を含むジカルボン酸対アニオンを環状オニウム塩型テレケリクスに導入すると，官能基を含む単環状高分子（環状マクロモノマー，環状テレケリクス）も容易に合成できる．

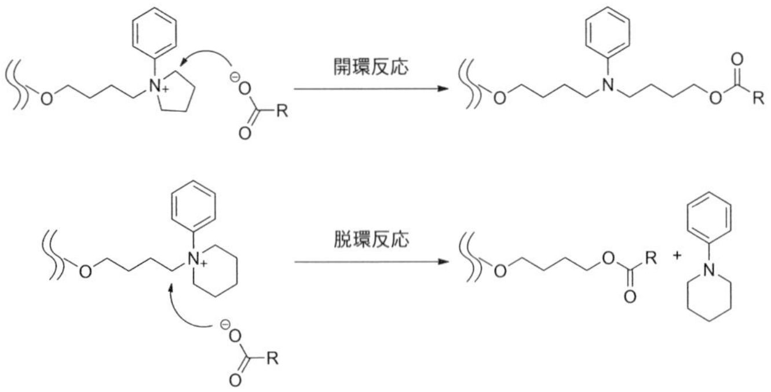

図 5.10　ESA-CF 法でのイオン対の共有結合変換プロセス.

さらに ESA-CF 高分子環化プロセスは，相補的な U 字型水素結合性ユニットを含む環状高分子の合成とその自己組織化を利用したカテナン高分子の合成に用いられた．さらに，蛍光発色団を含む環状高分子の合成にも応用され，環状高分子のダイナミクスの 1 分子分光による直接観測が実現した．

5.2.3　環-鎖ハイブリッド高分子の合成

5.2.2 項で示した ESA-CF 高分子環化プロセスは，種々の環-鎖ハイブリッド高分子の合成にも適用され，高分子前駆体（テレケリクス）の一次セグメント構造・官能基の位置および対アニオンの種類との組み合わせを選ぶことによって，最も単純な環-鎖トポロジー（おたまじゃくし，tadpole）から複雑なトポロジー（twin-tail tadpole および two-tail tadpole）まで多様なトポロジーが構築された（図 5.11）．

さらに，3 本鎖星型テレケリクスを用いると，特定の位置に官能基を導入した環-鎖トポロジー高分子も合成できる．例えば，3 本鎖星型テレケリクスの環状アンモニウム塩末端基の対アニオンとしてモノおよびジカルボン酸アニオンを導入したイオン性高分子集合体を混合すると，動的平衡によって 2 種の対アニオンのランダムな組み替えが生じ，さらに希釈下では星型テレケリクス 1 単位にモノおよびジカルボン酸対アニオンそれぞれ 1 単位の組み合わせに収束する．次いでこれを加

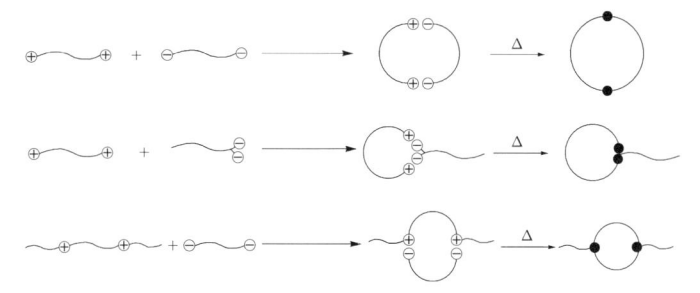

図 5.11 ESA-CF 法による環-鎖ハイブリッド高分子の合成.

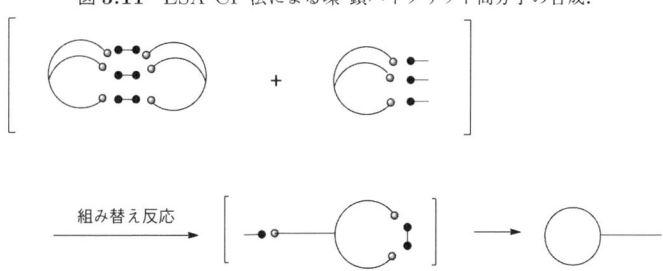

図 5.12 星型テレケリクスを用いた ESA-CF 法による tadpole 型高分子の合成.

熱し共有結合へ変換すると選択的に tadpole 型高分子が得られる（図 5.12）．

このとき対アニオン成分としてヒドロキシル基やアリル基などの官能基を含むモノおよびジカルボン酸を用いると，tadpole 型高分子の特定の位置（それぞれ分枝セグメント末端および環状セグメントの頂点）に特定の官能基を導入することができる．このような環-鎖トポロジー反応性高分子は，さらに高次高分子トポロジー構築の前駆体として有用である．

5.3 多環状高分子の合成

多環高分子トポロジーは，スピロ型，連結型（手錠・パドル型），縮合型，およびこれらのハイブリッド型に分類される（図 5.13）．双環トポロジーには，それぞれに対応する 8 の字型（スピロ型），手錠型

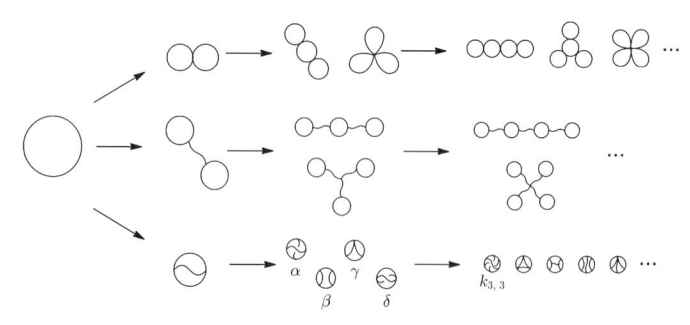

図 5.13 スピロ型,連結型および縮合型多環高分子トポロジー.

(連結型) および θ 型 (縮合型),の3種が含まれる.さらに三環トポロジーには,4種の縮合型構造 (それぞれ α, β, γ および δ グラフと称される),三つ葉型と三連環型のスピロ型,および連結型トポロジーが含まれる.また,四環トポロジーには,トポロジー幾何学で特異な非平面グラフとして知られる $K_{3,3}$ 構造が含まれる.これら様々なトポロジー高分子は,高分子合成化学の到達点を示す魅力的な標的高分子として注目されるが,とりわけ,5.2節で示した環状高分子の効率的合成プロセスとメタセシス縮合・クリック反応などの効率的高分子内・高分子間連結反応と組み合わせると,高分子トポロジー設計の自由度を拡大することができる.

一方,様々な高分子の「かたち」を識別し分離・分析する技術も目覚ましく進展している.同一分子量 (鎖長) の直鎖状,単環状および多環状高分子は,逆相 (臨界条件) クロマトグラフィー (RPC) を用いて完全に分離できることが明らかになった.これにより,サイズ排除クロマトグラフィー (SEC) を用いる流体力学的体積の比較と合わせて,非直鎖状高分子の精密なキャラクタリゼーションが可能になった.さらに,環状高分子をはじめとする多様なトポロジー高分子の絶対分子量測定が MALDI-TOF MS 分析によって実現し,NMR など従来からの化学構造分析手法と合わせて高分子の「かたち」を同定するために不可欠なものとなっている.

5.3.1 スピロ型多環高分子の合成

5.2節で示したESA-CFプロセスでは，環状アンモニウム塩を末端基とする直鎖状テレケリクスと四官能カルボン酸対アニオンを組み合わせた高分子イオン性集合体を調製し希釈すると，電荷バランスを保ち最少の高分子単位となるテレケリクス2単位と対アニオン1単位で構成された高分子自己組織化が生成する．これを加熱し共有結合変換すると8の字型のスピロ型双環高分子が一段階で合成できる．さらに六官能カルボン酸対アニオンとの組み合わせによって三環状（三つ葉型）高分子も合成された．

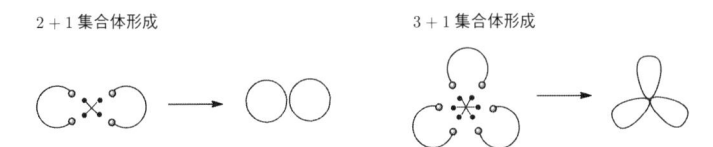

図 5.14　ESA-CF法によるスピロ型多環高分子の合成．

また，アリル基を末端に導入した4本鎖（四官能）星型テレケリクスの分子内二重メタセシス反応でも8の字型双環高分子が合成できる．

図 5.15　星型テレケリクスのメタセシス環化による8の字型双環高分子の合成．

また，ESA-CF法を用いる単環状・多環状高分子合成プロセスと，種々の官能基を含むアルケン類に対しても選択的に作用するメタセシス反応とを組み合わせた8の字型双環高分子の合成も行われた．すなわち，

① アリル基を導入した単環状高分子（環状テレケリクス）の分子間メタセシス縮合反応
② 2つの直鎖状分枝セグメント末端にアリル基を導入した環鎖ハイブリッド（twin-tail tadpole）高分子前駆体のアリル基間の分子内メタセシス反応

図 5.16 環状テレケリクスのメタセシス環化によるスピロ型双環高分子の合成.

③ 2 つのアリル基をそれぞれ環の反対の位置に導入した単環状高分子（*kyklo*-telechelics）のアリル基間の分子内メタセシス反応

のいずれからも 8 の字型高分子が効率よく合成された（図 5.16）.

さらに，ESA-CF 法を用いてアルキンおよびアジド基を有する単環状・多環状高分子前駆体を合成し，これらを組み合わせたクリック反応によって，直列三環状，直列四環状スピロ型多環高分子も合成された.

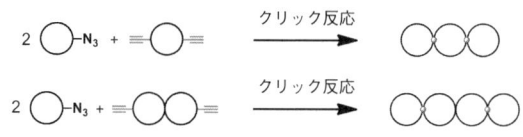

図 5.17 環状テレケリクスのクリック反応によるスピロ型三環および四環高分子の合成.

また，アルキン基およびアジド基を導入した環状高分子前駆体からは，環状高分子単位が直列に連結した多環状オリゴマーが生成する.

図 5.18 環状テレケリクスのクリック付加重合によるスピロ型多環高分子の合成.

5.3.2　連結型（手錠・パドル型）多環高分子の合成

ESA-CF プロセスを用いて環状アンモニウム塩型二官能直鎖状テレケリクスと三官能カルボン酸対アニオンを組み合わせた高分子イオン性

集合体を形成すると，希釈下では，電荷バランスを保ち最少の高分子単位となるテレケリクス3単位と対アニオン2単位で構成されたユニークな高分子自己組織化が実現する．これを加熱し共有結合変換すると，直鎖状テレケリクス末端と三官能カルボン酸対アニオンの連結様式によって手錠型および θ 型の2種類の双環状高分子が同時に生成する．

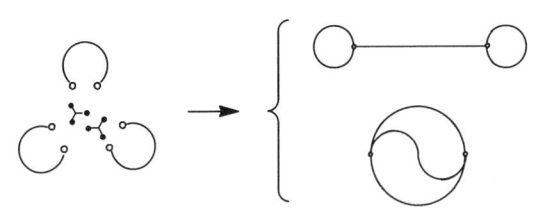

図 5.19　ESA-CF 法による双環高分子トポロジー異性体の合成．

両者はトポロジー的に非等価な構造異性体であり，逆相クロマトグラフィー（RPC）を用いて分離することができる．そこで両成分を分取・単離し SEC 測定を行ったところ，流体力学的体積の大きい手錠型異性体と小さい θ 型異性体とに帰属された．

手錠型および θ 型高分子トポロジー異性体は，3本鎖星型テレケリクスとジカルボン酸対アニオンから形成される高分子集合体の希釈下の共有結合変換，さらに分枝セグメント末端にアリル基を導入した H 型高分子の分子内二重メタセシス反応でも合成された．

このように手錠型双環状高分子は θ 型・縮合トポロジー高分子とともに生成するが，この手錠型の「かたち」の対称性から一段階反応で選択的に合成することは困難である．そこで，ESA-CF 法を用いて合成できるアルキン基を有する環状高分子（環状テレケリクス）とアジド基を末端基とする直鎖状（二官能）および3本鎖（三官能）星型テレケリクスとのクリック反応を用いたプロセスが開発され，手錠型・パドル型多環高分子が選択的に合成された（図 5.20）．

さらにアルキン基を2カ所に導入した環状テレケリクスを用いると，環状高分子単位と直鎖状（または分岐状）高分子単位が交互に連結したユニークなトポロジー高分子（トポロジー・ブロック共重合体）が生成する（図 5.21）．

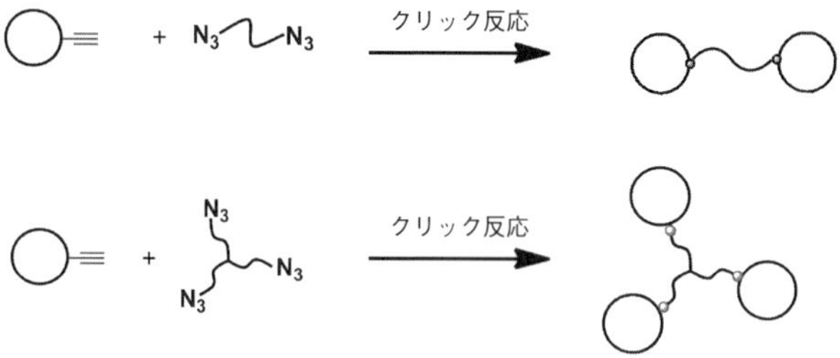

図 5.20 環状テレケリクスのクリック反応による手錠型・パドル型多環高分子の合成.

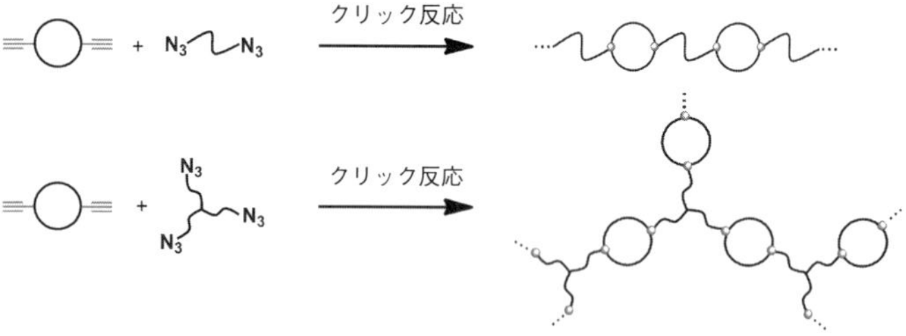

図 5.21 環状テレケリクスのクリック付加重合によるトポロジー・ブロック共重合体の合成.

5.3.3 縮合型多環高分子の合成

ESA-CF プロセスを用いて，環状アンモニウム塩を末端基とする 3 本鎖（三官能）星型テレケリクスの対アニオンとして三官能カルボン酸アニオンを導入したイオン性高分子集合体を形成すると，希釈下では電荷バランスを保ち最少の高分子単位となるテレケリクス 1 単位と対アニオン 1 単位で構成された高分子自己組織化が生成する．これを加熱し共有結合変換すると，θ 型の縮合型高分子が選択的に合成できる（図 **5.22**）．

一方，5.3.2 項で示した通り，θ 型高分子は，ESA-CF 法またはメタセシス環化によって，構造異性体である手錠型高分子とともに生成する．

三環および四環縮合型多環状高分子の合成プロセスも開発された．多重縮合型トポロジー高分子は，生体高分子（DNA，タンパク質）で重

5.3 多環状高分子の合成

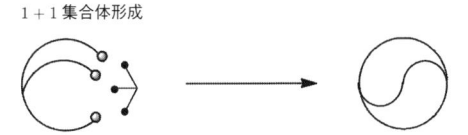

1+1集合体形成

図 5.22 星型テレケリクスを用いた ESA-CF 法による縮合型双環高分子の合成.

要な役割を担うことが知られる高分子の「おりたたみ」のモデルとしても注目される. ESA-CF プロセスを用いて，直鎖状セグメントの中央にアリル基，両末端に環状アンモニウム塩を導入したテレケリクス2単位と四官能カルボン酸対アニオン1単位から，直列環セグメントの反対の位置にアリル基を導入した8の字型高分子を合成し，さらにアリル基間の分子内メタセシス反応を組み合わせると，二重縮合三環トポロジーの δ-グラフ型高分子が合成される.

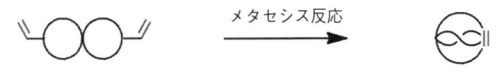

図 5.23 δ-グラフ型高分子の合成.

さらに，ESA-CF プロセスとクリック反応を組み合わせて，環状高分子単位の反対の位置にアリル基を導入した双環手錠型およびスピロ型三環直列型トポロジー高分子前駆体を合成し，引き続いて分子内メタセシス反応することにより，二重縮合三環トポロジー（γ-グラフ型）高分子（図 5.24），およびこれまでに例のない三重縮合四環トポロジー高分子（図 5.25）が合成された．特に後者は，トポロジー幾何学でよく知られる $K_{3,3}$ グラフと同一カテゴリーの三重縮合四環トポロジー構造となることからも興味深い.

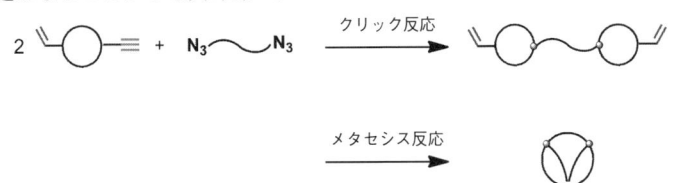

図 5.24 二重縮合三環トポロジー（γ-グラフ型）高分子の合成.

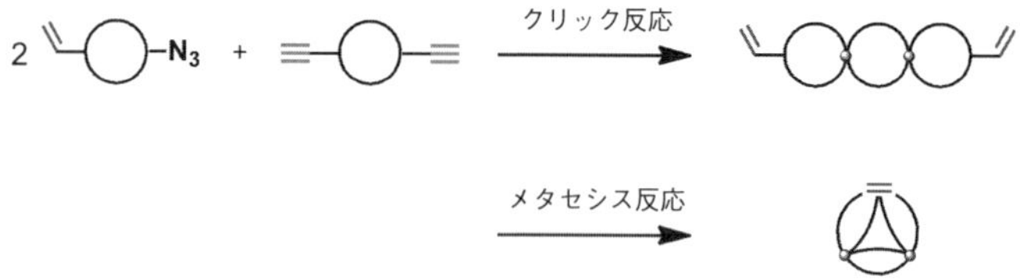

図 5.25　三重縮合四環トポロジー高分子の合成.

5.4　おわりに

本章で紹介した種々の単環状および多環状トポロジー高分子は，高分子基礎科学の魅力的な研究対象として，また現代数学分野（トポロジー幾何学・グラフ理論）にも接点をもつ学際的分野（高分子トポロジー化学）として，今後，高分子基礎科学の新機軸となることが期待される．さらにこれらの新たな高分子素材に基づく機能発現によって，従来の直鎖状および分岐状高分子を基礎とした高分子材料開発パラダイムの転換にもつながると期待される．

引用・参考文献

■高分子の「かたち（トポロジー）」に注目すると，
1) 手塚育志：「トポロジーデザイニング–新しい幾何学からはじめる物質・材料設計」，序論「かたち」からはじまるマテリアルデザイン，（エヌ・ティー・エス，2009），p.3.
2) 手塚育志：高分子，**57**, 81 (2008).
3) 小島定吉：化学，**61**, 52 (2006).
4) "Topological Polymer Chemistry: Progress of cyclic polymers in syntheses, properties and functions", Y. Tezuka(Ed.), (World Scientific, 2013).
5) E. Flapan: "When Topology Meets Chemistry: A Topological Look at Molecular Chirality", (Cambridge University Press, 2000).
6) Y. Tezuka and H. Oike: *J. Am. Chem. Soc.*,**123**, 11570 (2001).
7) D.M. Walba: *Tetrahedron*, **41** 3161 (1985).
8) A.T. Balaban: *Rev. Roum. Chim.*, **18**, 635 (1973).

■環状および多環状高分子とその合成法については，
9) 手塚育志：「トポロジーデザイニング–新しい幾何学からはじめる物質・

材料設計」，多環高分子トポロジーの設計，(エヌ・ティー・エス，2009)，p.180.
10) 山本拓矢，手塚育志：高分子論文集，**68**, 782 (2011).
11) "Cyclic Polymers, 2nd edition", J. A. Semlyen(Ed.), (Kluwer, 2000).
12) K. Endo: *Adv. Polym. Sci.*, **217**, 121 (2008).
13) T. Yamamoto and Y. Tezuka: in "Synthesis of Polymers", D. A. Schlueter, C. Hawker and J. Sakamoto (Eds.), (Wiley-VCH, 2012), Vol. 1, p.531.
14) T. Yamamoto and Y. Tezuka: in "Complex Macromolecular Architectures", N. Hadjichristidis, A. Hirao, Y. Tezuka and F. Du Prez(Eds.), (Wiley, 2011), p.3.
15) Y. Tezuka: *Polym. J.*, **44**, 1159 (2012).
16) N. Sugai, H. Heguri, K. Ohta, Q. Meng, T. Yamamoto and Y. Tezuka: *J. Am. Chem. Soc.*, **132**, 14790 (2010).
17) N. Sugai, H. Heguri, T. Yamamoto and Y. Tezuka: *J. Am. Chem. Soc.*, **133**, 19694 (2011).
18) H. Oike, H. Imaizumi, T. Mouri, Y. Yoshioka, A. Uchibori and Y. Tezuka: *J. Am. Chem. Soc.*, **122**, 9592 (2000).

■環状および多環状高分子によるトポロジー効果については，
19) T. Yamamoto and Y. Tezuka: *Polym. Chem.*, **2**, 1930 (2011).
20) S. Honda, T. Yamamoto and Y. Tezuka: *J. Am. Chem. Soc.*, **132**, 10251 (2010).
21) S. Habuchi, N. Satoh, T. Yamamoto, Y. Tezuka and M. Vacha: *Angew. Chem., Int. Ed.*,**49**, 1418 (2010).
22) Y. Tezuka, T. Ohtsuka, K. Adachi, R. Komiya, N. Ohno and N. Okui: *Macromol Rapid Commun.*, **29**, 1237 (2008).

索 引

【英数字】

δ-グラフ型高分子, 81
π 型ポリマー, 46
g' 値, 40
1,1-ジフェニルエチレン, 40
1 分子環化法, 70
1 分子末端連結反応, 71
2 分子末端連結反応, 70
8 の字型双環高分子, 77
A_2 型モノマー, 26
AB_2 型分子, 26
AB_2 型モノマー, 18
AB'_2 型分子, 26
ABCD 型星型ポリマー, 43
arborol, 2
ATRP, 58
B_3 モノマー, 26
BB'_2 型モノマー, 26
block 型高分子ブラシ, 63
Bragg 反射, 65
chain walking 機構, 31
convergent 法, 8
divergent 法, 8
DLS, 54
double stage convergent 法, 13
double-cylinder 型, 53
ESA-CF 法, 73
Fréchet 式, 18
Frey 式, 18
generation, 3
GIXRD, 41
grafting from 法, 52, 58, 63
grafting onto 法, 52, 63
grafting through 法, 52
hexagonal mesh 型, 46
H 型ポリマー, 46
Janus 型, 63
MALDI-TOF MS 分析, 76
Mark-Houwink-桜田の式, 41
MBP, 30
MBROP, 30
MPC, 71
orthogonal 法, 11
PEO ドメイン, 61
proto 型高分子ブラシ, 59
PSS/PEO proto 型高分子ブラシ, 61
PS ドメイン, 61
RPC, 76
SCVP, 23
tadpole 型高分子, 75

【あ】

異相構造, 45
一段階重合法, 2, 17
腕セグメント, 35
腕ポリマー, 35, 44
エーテル結合, 22
枝ポリマー, 51

【か】

開環重合, 30
開環反応, 29, 73
開始法, 38
拡散係数, 61
カスケード合成, 2
活性状態, 56

カップリング, 10, 40
可溶性分岐ポリアミド, 26
カルボキシレート, 20
カルボキシレート末端, 21
環-鎖トポロジー高分子, 74
環-鎖ハイブリッド高分子, 74
環拡大重合法, 68, 71
環状スルフィド（チイラン）類モノマー, 68
環状テレケリクス, 77
慣性半径, 55
機能性高分子, 48
逆相クロマトグラフィー, 76
共重合体, 51
共有結合変換, 73, 77
極限粘度, 5, 19
櫛型ポリマー, 47, 62
グラフトポリマー, 51, 65
繰り返し法, 43, 48
クリック反応, 71
ゲル, 20
コア-シェル型高分子ブラシ, 53
コア近傍, 4
コア分子, 3
交互共重合, 60
高世代デンドリマー, 4
構造欠陥部位, 9
構造色, 65
高分子電解質, 61
高分子トポロジー化学, 82
高分子ブラシ, 51, 64
固有粘度, 40

【さ】

三官能性化合物, 26
三重縮合四環トポロジー高分子, 81
自己重縮合, 18
自己縮合性ビニル重合, 23
自己組織化, 72
自己組織化構造, 36
ジビニル化合物, 37

縮合型, 76
縮合型双環高分子, 81
シリルクロリド基, 39
親電子試薬, 43
水溶性置換基, 20
スピロ型, 76
スピロ型三環および四環高分子, 78
スピロ型双環高分子, 77
スピロ型多環高分子, 77
スルホン化, 61
静電相互作用, 72
世代, 3
線状高分子, 19

【た】

多環高分子トポロジー, 76
多官能性開始剤, 38
多官能性停止剤, 38
多重分岐開環重合, 29
多重分岐重合, 30
単環状高分子, 67
直鎖状高分子, 67, 70
直鎖部, 18
停止剤, 38
停止法, 38, 47
テレケリクス, 70
デンドリティック高分子, 2
デンドリティック部, 17
デンドリマー, 2, 15, 47
デンドロン, 1, 18
透過型電子顕微鏡, 45
動的光散乱, 54
導電性, 48
ドーマント種, 57
特殊構造高分子, 51
トポロジー・ブロック共重合体, 79
トポロジー効果, 71

【な】

内部空間, 4
二官能性化合物, 26

二重結合性化合物, 23

【は】

ハイパーブランチフェニレン, 21
ハイパーブランチ芳香族ポリアミド, 22
ハイパーブランチポリエステルアミド, 29
ハイパーブランチポリグリセロール, 30
ハイパーブランチポリスチレン, 24
ハイパーブランチポリスルホンアミン, 28
ハイパーブランチポリフェニレン, 17
ハイパーブランチポリマー, 2, 17, 32
パラジウム触媒, 30
非活性状態, 56
光散乱法, 41
光捕集効果, 6
微小角入射X線散乱法, 41
非対称デンドリマー, 13
非対称星型ポリマー, 35, 42, 45
ヒドロキシル基, 20
ビニルモノマー, 20
標的高分子, 76
ビルディングブロック分子, 3
フェニルアゾメチンデンドリマー, 8
部分的架橋構造, 27
ブロック共重合体, 35
分岐構造, 1, 45
分岐高分子, 1, 67
分岐度, 18, 22
分岐ポリマー, 35
分岐様式, 40
分子鎖形態, 63
分子電線, 56
分子内二重メタセシス反応, 79
分子表面, 4

分子量分布, 19, 36
ヘテロ環カルベン, 69
ベンジルエーテル型デンドリマー, 3, 5, 10
ベンジルハライド基, 39
芳香族ポリアミドデンドロン, 12
星型ブロック共重合体, 35
星型ポリイソプレン, 39
星型ポリスチレン, 39
星型ポリブタジエン, 39
星型ポリマー, 35, 40
ポリアミドアミンデンドリマー, 3, 9, 23
ポリイソプレン, 42
ポリプロピレンイミンデンドリマー, 3, 9

【ま】

マイケル型付加反応, 8, 23
マクロモノマー, 54
末端官能基, 20
末端部, 17
ミクロ相分離構造, 45
無限網目構造, 26
メタセシス開環重合開始剤, 68
メタセシス高分子環化, 71

【や】

溶媒蒸発法, 65

【ら】

立体障害, 39
リビングアニオン重合, 36, 42
リビングアニオンポリマー, 44
リビングカチオン重合, 24
リビング重合法, 73
リビングラジカル重合, 38, 56
リングポリマー, 68
レギュラースターポリマー, 35
連結型, 76
ロッド状, 48

編集担当紹介

柿本 雅明（かきもと まさあき）

1980 年　東京工業大学 大学院総合理工学研究科 博士課程修了
現　在　東京工業大学 大学院理工学研究科 教授
　　　　理学博士

高分子基礎科学 One Point 3
デンドリティック高分子
Dendritic Macromolecules

2013 年 2 月 25 日　初版 1 刷発行

編　集　高分子学会　　© 2013
編集担当　柿本雅明
発行者　南條光章

発行所　**共立出版株式会社**
郵便番号　112-8700
東京都文京区小日向 4-6-19
電話　03-3947-2511（代表）
振替口座　00110-2-57035
http://www.kyoritsu-pub.co.jp/

印　刷　大日本法令印刷
製　本　協栄製本

検印廃止
NDC 578

一般社団法人
自然科学書協会
会員

ISBN 978-4-320-04437-1　Printed in Japan

高分子学会 編集
最先端材料システム One Point 全10巻

【編集委員】
渡邉正義(委員長)／加藤隆史・斎藤 拓・芹澤 武・中嶋直敏

科学の世界の進歩は著しく，材料，そしてこれを用いた材料システムは日進月歩で進化している。しかし，その底辺を形作る基礎の部分は普遍なはずである。この「One Point シリーズ」は今話題の最先端の材料・システムに関するホットな話題を提供するもので，「手軽だが内容濃く」をコンセプトに編纂。

【各 巻】
B6判・114〜144頁
並製本ソフトカバー
定価1,785円(税込)

❶カーボンナノチューブ・グラフェン
ナノカーボンとは／カーボンナノチューブの構造，特性／カーボンナノチューブの可溶化／カーボンナノチューブの電子準位／SWNTのカイラリティ分離・・・・・・・・・他

❷イオン液体
イオン液体とは何か：特徴とその原点／分離・精製プロセスへの応用／合成・触媒反応への適応／高分子の重合および解重合／バイオリファイナリーへの展開・・・・・・・他

❸自己組織化と機能材料
自己組織化と機能材料／自己組織化と機能形成（高分子／液晶／薄膜／コロイド・ゲル 他）／自己組織化と機能（光／電子／イオン／力学／界面／ナノバイオ)・・・・・・・他

❹ディスプレイ用材料
光学特性の基礎／ディスプレイの原理と構成部材／偏光フィルム／位相差フィルム／透明基板材料／フレキシブルエレクトロニクス材料／反射防止材料／タッチパネル 他

❺最先端電池と材料
最先端電池の材料化学／リチウム二次電池の正極材料／リチウム二次電池の負極材料／リチウム二次電池の電解質／セパレータ／有機ラジカル電池／次世代電池・・・・・・他

❻高分子膜を用いた環境技術
環境技術を支える高分子膜／二酸化炭素の分離・回収／揮発性有機化合物（VOC）の分離・回収／水処理技術／バイオエタノールの濃縮／水素ガス精製・・・・・・・・・・他

❼微粒子・ナノ粒子
微粒子・ナノ粒子とは（微粒子・ナノ粒子の定義，研究の歴史，基礎科学 他）／微粒子・ナノ粒子の合成と材料化／微粒子・ナノ粒子の応用／微粒子・ナノ粒子の将来 他

❽フォトクロミズム
フォトクロミズム（はじめに／フォトクロミズムの歴史)／ジアリールエテン／アゾベンゼン／ヘキサアリールビイミダゾール／スピロピラン／ナフトピラン化合物・・・・他

❾ドラッグデリバリーシステム
DDSとは何か（DDSとは／空間的制御／時間的制御：薬の制御放出システム，刺激応答型薬物放出システム）／量的制御／部位的制御／時間的制御／遺伝子治療とDDS・・・他

❿イメージング
イメージングとは何か／生体分子および生体反応のイメージング（核酸／タンパク質／脂質・糖質／生理活性小分子)／医療とイメージング（MRI／PET／SPECT 他)・・・他

(価格は変更される場合がございます)

共立出版 http://www.kyoritsu-pub.co.jp/